Konrad Hieber

Leben oder Nichts

Konrad Hieber

Leben oder Nichts

oder

Der Wettlauf zwischen Information und dem kosmischen Wärmetod

Fachbuch

Bibliographische Information Der Deutschen Bibliothek
Die Deutsche Bibliothek verzeichnet diese Publikation
In der Deutschen National Bibliographie;
detaillierte bibliographische Daten sind im Internet über
http://dnb.ddb.de. abrufbar.

Bibliographic informations published by
Die Deutshe Bibliothek
Die Deutsche Bibliothek lists this publication in the
Deutsche Nationalbibliographie;
detailed bibliographic data
are available in the Internet at http://dnb.ddb.de.

© Copyright 2018. Konrad Hieber – Leben oder Nichts

Herstellung und Verlag
BoD – Books on Demand, Norderstedt

ISBN: 978-3-7460-7985-1

Inhaltsverzeichnis

Leben oder Nichts

oder

Der Wettlauf zwischen Information und dem kosmischen Wärmetod

Inhaltsverzeichnis	5
Zusammenfassung	8
Vorwort	10
Prolog	15
1 Einleitung	18
1.1 Welche Annahmen werden gemacht	18
1.2 Worum geht es in diesem Buch?	21
2 Der Anfang von Kosmos, Erde und Leben	28
3 Die Entstehung von Leben auf der Erde	42
3.1 Wie entstand höheres Leben?	43
3.2 Die Entstehung der Artenvielfalt	52
3.3 Der Einfluss der Umwelt auf die Vererbung	79

3.4 Bemerkung zu außerirdischem Leben — 90

3.5 Zusammenfassung — 92

4 Die Evolution der Intelligenz — 95

4.1 Was ist Intelligenz? — 97

4.2 Was kann der Mensch mehr im Vergleich zum Tier? — 132

5 Die Entwicklung und Funktion unseres Gehirns — 134

5.1 Funktionelle Eigenschaften unseres Gehirns — 145

5.2 Kontrolle und Regelung der Körperfunktionen — 151

5.3 Was wissen wir über das Lernen? — 155

5.4 Wie unterscheidet sich das weibliche vom männlichen Gehirn? — 162

5.5 Gefühle, Emotionen und Gesetzmäßigkeiten — 168

5.6 Kann man Gedanken lesen? — 182

5.7 Die Empfindlichkeit von Auge und Gehör — 187

5.8 Zusammenfassung — 197

6 Quanten, eine Welt ohne Ursache und Wirkung — 203

6.1 Können in unserem Gehirn Quantenzustände existieren? — 218

6.2 Der Einfluss der Bezugssysteme auf unsere
    Sicht der Welt   220

7 Information, Gedanken und Möglichkeiten   231

7.1 Wie schafft es die Information,
    Materie zu gestalten?   235

7.2 Was sind Gedanken und Möglichkeiten?   241

7.3 Am Anfang war das Wort/Information   245

8 Zusammenfassung   251

9 Einige Literaturhinweise (populär)   256

10 Stichwortverzeichnis   258

11 Danksagung   263

LEBEN ODER NICHTS
oder
Der Wettlauf zwischen Information und dem kosmischen Wärmetod

Zusammenfassung

Leben stellt den Gegenpol zur unbelebten Materie dar. Materie folgt den Gesetzen der Thermodynamik und endet in einem Zustand, in dem es keine energetischen Unterschiede mehr gibt. D.h., man kann nichts mehr unterscheiden und somit gibt es auch keine Information mehr. Wir sprechen vom Wärmetod oder dem Nichts, obwohl es in diesem Zustand immer noch eine Menge Materie und auch Energie geben kann. Es gibt aber keine Unterschiede und damit keine **Wechselwirkungen** mehr!

Ganz anders dagegen das Leben. Es sammelt immer mehr bedeutungsvolle Informationen und entwickelt immer komplexere Systeme, so dass sich das Leben immer weiter vom thermodynamischen Gleichgewicht entfernt. Das Leben entzieht dem materiellen Geschehen (z.B. den Sternen) immer mehr Energie, was dessen Wärmetod beschleunigt. Ein Teil dieser Energie wird vom Leben dazu verwendet, immer mehr Informationen über die Natur anzusammeln, um schließlich die Naturgesetze von Grund auf zu verstehen, d.h., zu verstehen, warum die Naturgesetze gerade so sind und nicht anders. In diesem Buch wird aufgezeigt, dass Information mit Bedeutung die Urform der Energie darstellen könnte. Mit dem Urknall begann die Gültigkeit unserer Naturgesetze und der extrem genau aufeinander abgestimmten Naturkonstanten. Es wird beschrieben, wie dieses Informationspaket die

Evolution der Materie von den Quarks über die 92 Elemente bis hin zu den Galaxien beherrscht. Auch die Entwicklung des Lebens und der Intelligenz, beginnend mit Aminosäuren bis hin zu unserem Gehirn, wird von dieser Anfangs-Information gesteuert. Es wird anhand von vielen Beispielen erläutert, wie kleinste Energieunterschiede vom Leben in Information mit Bedeutung umgesetzt werden. Ein wesentlicher Sinn des Lebens wäre somit, Information mit Bedeutung zu kreieren.

Ein weiteres, wesentliches Argument, dass Information mit Bedeutung eine Energieform darstellt, ist die Tatsache, dass wir durch die **Wechselwirkung** zwischen verschiedenen Informationsbereichen mit Bedeutung (z.B. Energieversorgung und Gesundheit) aktiviert werden, etwas zu tun (z.B. Demonstrieren). Wir leisten Arbeit, d.h., wir wenden Energie auf! Wir stellen ferner fest, dass Information mit Bedeutung genauso wenig vernichtet werden kann wie Energie. Wir können Energie immer nur in eine andere Form umwandeln. Wenn wir an die oben erwähnten Naturgesetze denken, dann kommen wir zu dem Schluss, dass diese Information mit Bedeutung es schafft, dass sich die gesamte Evolution unseres Kosmos in Richtung Stabilität und Komplexität entwickelt. Das bedeutet aber, dass diese Anfangsinformation die Urform der Energie darstellt. Zu berücksichtigen ist, dass sich die Natur bei der Umsetzung ihrer Anfangsinformation nicht nur einer Logik, die auf dem Ursache-Wirkungs-Prinzip basiert, bedient, sondern, speziell im Quantenbereich, auch der Möglichkeiten und Wahrscheinlichkeiten.

Ob das Leben dem drohenden Wärmetod entgehen kann, hängt davon ab, ob das Leben noch rechtzeitig so viele Informationen sammeln konnte, um die Naturgesetze zu verstehen und ev. zu modifizieren, um mit diesem Wissen einen kosmischen Neustart zu versuchen. Die Alternative ist, dass wir, wie alles andere materielle Geschehen, in einem struktur- bzw. informationslosen „Nichts" enden.

Vorwort

In meinem ersten Buch habe ich einen Vorschlag aufgezeigt, der eine Verbindung zwischen dem Kleinsten (Elementarteilchen) und dem Komplexesten (Mensch bzw. Gehirn) herstellt, da bisher alle physikalischen Modelle die Entstehung von komplexen, organischen Strukturen nicht erklären können.
Diese Gesamtschau unterstellte die Existenz eines natürlichen Speichermediums, in das alle Informationen über das materielle Geschehen eingelesen werden, so dass quasi ein Abbild von uns und unserer Existenz in einer virtuellen Welt entsteht, analog wie viele Menschen heute ihr Leben in sozialen Medien (auch eine Art von virtueller Realität) abbilden.
Ein wesentliches Argument für diese Annahme war die evolutionäre Entwicklung auf unserem Planeten, die ausgehend von einfachen, organischen Molekülen bis hin zu extrem komplexen Strukturen, wie z.B. unserem Gehirn, führt. Diese Entwicklung fand innerhalb einer zwar sehr langen, aber doch endlichen Zeit statt. Da solch eine Entwicklung rein unter Annahme von Zufallsereignissen, wie z.B., Mutationen, nicht in der zur Verfügung stehenden Zeit zu immer höherer Komplexität führen kann, noch dazu, wenn man weiß, dass sehr ähnliche, äußerst komplexe Strukturen wie z.B. unser Auge zu verschiedensten Zeiten bei den unterschiedlichsten Arten auftauchen, habe ich, analog zu einem Vorschlag von Rupert Sheldrake /1/ und Ervin Lazlo /2/ eine Gedächtnisfunktion, in Form eines sogenannten morphogenetischen Feldes, in der Natur angenommen.

Da mit Hilfe eines Gedächtnisses die Vergangenheit die Zukunft beeinflussen kann, könnte die Natur einmal Erlerntes und Erprobtes in ähnlichen Situationen immer wieder verwenden und wäre nicht auf den Zufall angewiesen.
In den vergangenen 10 Jahren gab es eine stürmische Entwicklung auf dem Gebiet der Epigenetik /3/, die zeigt, dass Umwelteinflüsse das genetische Geschehen beeinflussen können und bereits in unserer Erbsubstanz (DNA) eine Art Gedächtnis existiert. Man hat gelernt, dass in der sogenannten junk DNA nicht irgendein Müll aus der Vergangenheit mitgeschleppt wird, sondern auch genetische Informationen von unseren Vorfahren u.a. von der Maus bis hin zum Affen, enthalten sind. Diese Programme bewirken, dass u.a. Gene z.B. durch Umwelteinflüsse länger oder kürzer aktiviert werden. Dabei handelt es sich nicht nur um ein Ausprobieren, sondern man ist zu der Meinung gekommen, dass die Natur besonders unter Stress-Bedingungen, gezielt bestimmte Gene oder Gensequenzen länger oder kürzer aktiviert.
Die Aufklärung des menschlichen Genoms konnte deshalb auch nicht dazu führen, dass man einen Menschen aus der Retorte entstehen lassen kann, weil man die Steuerungsprogramme für die zeitgerechte Aktivierung der Gene noch nicht verstanden hat. Man versteht aber jetzt die Tatsache, dass sich die aktiven Teile der DNA eines Affen nur um ca. 1,5 % von der des Menschen zu unterscheiden brauchen, denn die betrachteten Abschnitte der DNA stellen sozusagen nur das Baumaterial für einen Menschen bereit, und da ist zwischen einem Affen und dem Menschen tatsächlich kein großer Unterschied, genauso wie zur DNA einer Maus /4/.
Der wesentliche Unterschied liegt in den Steuerungsprogrammen, die festlegen, wann und wie

lange ein Gen aktiv ist. Dies führt zu Unterschieden z.B. in der Dichte der Vernetzung unserer Gehirnzellen, oder zu Unterschieden z.B. in der Resistenz gegen HIV. Affen haben ein gewisses Gen 8-fach und sind deshalb gegen das Aids Virus immun, Menschen haben dieses Gen ein bis viermal und sind dementsprechend mehr oder weniger HIV gefährdet. Speziell an unserem Immunsystem kann man erkennen, wie unser Körper aktiv auf Einflüsse = Informationen aus der Umwelt reagiert und dies nicht einfach durch Probieren, sondern durch gezielte Reaktion in Form der Bereitstellung von bestimmten Antikörpern auch bei neuartigen Infektionen. In der junk DNA stecken Informationen aus unserer vergangenen, evolutionären Entwicklung. Damit würde sich ein außerhalb unseres Körpers existierendes Speichermedium zur Erklärung einer zielgerichteten Reaktion auf äußere Einflüsse erübrigen.

Ein weiterer großer Fortschritt wurde in den letzten Jahren auf dem Gebiet der Gehirnneurologie erzielt /5,6/. Die Bild gebenden Analyseverfahren, mit denen man das lebende, arbeitende Gehirn beobachten kann, liefern neue Erkenntnisse nicht nur über die Funktion des sensorischen Teils des Gehirns, sondern auch über die emotionale und rationale Funktion /7/.

In diesem Zusammenhang werde ich speziell auf die Möglichkeiten hinweisen, wie unser Gehirn funktional in den Quantenbereich hinein agieren kann. Ein zweiter wesentlicher Fortschritt kommt aus dem Bereich der Computertechnik und den Software Algorithmen. Wir sind am Beginn, mit Hilfe modernster Computertechnik und neuesten Algorithmen, die Komplexität und damit die Funktion unseres Gehirns immer besser zu simulieren. Es zeichnet sich z.Z. eine Entwicklung ab, die die Tatsache bestätigt, dass sich die Evolution, inklusive der dabei stattgefundenen Entwicklung unseres Gehirns, der bekannten Naturgesetze bedient und somit das gesamte evolutionäre Geschehen keine Zauberei ist, sondern im Rahmen des wissenschaftlichen Erkenntnisprozesses verstanden werden kann.

Die Beschreibung der kosmologischen Theorien in meinem ersten Buch entspricht nicht mehr dem neuesten Stand. Das heute von vielen Astrophysikern akzeptierte, sogenannte Standardmodell stellt eine Hypothese dar, die ursprünglich aus der Elementarteilchenphysik stammt und sehr viele, experimentelle Ergebnisse, u.a. die Häufigkeitsverteilung der Elemente, erklärt /8,9/. Es ergibt sich aus diesem Modell für den Laien die erstaunliche Aussage, wie sich unser Kosmos unmittelbar (ca. 10 hoch minus 43 sec) nach dem Urknall entwickelt hat. Von diesem Zeitpunkt an kann man quasi die Entwicklung des Kosmos mit den leistungsstärksten Computern simulieren. Dies jedoch unter drei ganz entscheidenden Annahmen, nämlich, dass, 1) kurz nach dem Urknall sich der Raum mit Überlichtgeschwindigkeit ausgedehnt hat (sogen. Inflation). Dies ist kein Verstoß gegen die Forderung der Relativitätstheorie, die die Ausbreitungsgeschwindigkeit von klassischer Information auf maximal die Lichtgeschwindigkeit begrenzt. Zu diesem frühen Zeitpunkt des Kosmos hat sich quasi der noch informationsfreie Raum in ein Nichts ausgedehnt. Erst nach und nach hat sich dieser Raum mit Materie (z.B. Galaxien) gefüllt. Ferner musste 2) noch eine dunkle Materie und 3) eine dunkle Energie eingeführt werden. Diese letzteren beiden Unbekannten machen ca. 96 % der Materie bzw. Energie im Kosmos aus. Die Materie, die wir kennen, also unsere Elemente, die Elementarteilchen und die ganze elektromagnetische Energie etc. machen dagegen nur ca. 4 % aus. D.h., aber, dass wir eigentlich nichts über unseren Kosmos wissen, oder etwas positiver ausgedrückt, wir nur einige

Puzzleteile kennen. Wir sind also noch weit entfernt von einer konsistenten Theorie unseres Kosmos. Aus diesem Grund werde ich im Folgenden nicht die Standardtheorie mit ihren vielen Wenn und Aber bzw. mit ihren vielen frei wählbaren Parametern diskutieren, sondern nur auf die z. Z. von der Mehrheit der Kosmologen akzeptierten Aussagen hinweisen.

Was mir jedoch dabei auffällt, ist, dass wir unser Universum hauptsächlich von einem mechanistischen Standpunkt aus betrachten. Wenn wir das Universum unter energetischen Aspekten betrachten würden, müssten wir u.a. bedenken, dass die Billionen von "Sonnen", die es im Kosmos gibt, alle thermonukleare Reaktoren sind, die alle Energie erzeugen in Form von Wärme, elektromagnetischer Strahlung und hoch energetischen Teilchenströmen. Aber auch diese Prozesse unterliegen den thermodynamischen Gesetzen, was bedeutet, dass auch eine Menge "unbrauchbarer" Energie, die sogenannte Entropie, entsteht. Wir kennen diese Energieform z.B. von den Kühltürmen bei Kernkraftwerken, die dort als Abwärme abgeführt werden muss. Diese Entropie stellt aber auch eine Art von **Information** dar, was ich später noch genauer erläutern werde, und die sich irgendwo im Kosmos befinden muss und sich dort auch irgendwie bemerkbar machen müsste. Ebenso stellt sich mir die Frage, wo die Energie geblieben ist, die kurz nach dem Urknall bei der Vernichtung von Materie und Antimaterie freigesetzt wurde?

Diese Fragen ermutigen mich, nochmals auf einen Vorschlag von Carl Friederich von Weizsäcker hinzuweisen, der bereits in den frühen 60er Jahren aus dem mathematisch ableitbaren Zusammenhang zwischen Energie (Entropie) und Information eine kleinste Einheit, das sogenannte Ur (die ultimativ kleinste binäre (ja/nein) Entscheidung), das die Größe

eines einzigen Quantenbits besitzt, postulierte. Die Vorstellung, die sich daraus ableitet, ist, dass der Urstoff unseres Kosmos eigentlich Informationsenergie sein müsste.
Der Urknall wäre dann der Startpunkt für die Umsetzung von Informationsenergie in ein materielles Geschehen. Dies würde bedeuten, dass Information der eigentliche Urstoff unseres Kosmos ist, die der Energie (z.B. potentielle oder kinetische Energie) und der Materie (z.B. up oder down Quark) erst ihre Gestalt verleiht.

Prolog

Unser Leben ist, wozu unser Denken es macht!
Mark Aurel (121-180 n.Chr.)

Ich stehe im Frühling in einer blühenden Wiese umrahmt von Bergen, auf denen noch strahlend die Schneefelder glänzen. Zwischen den grünen Grashalmen tummeln sich tausende von Käfern, Würmern, Insekten und Schmetterlingen. Man spürt, wie die Natur vor Leben und Energie strotzt. Die Bäume leuchten in einem lichten Grün, die Wiese ist übersät mit einer überschwänglichen Zahl der verschiedensten Blumen. Man hört das Summen der Bienen von einem nahen, blühenden Apfelbaum, dessen zarte, rosa Blüten einen wunderbaren Duft verströmen. Die Vögel sind emsig unterwegs, Futter für ihren Nachwuchs heranzuschaffen und finden trotzdem Zeit für ein munteres Gezwitscher. Ich fühle und schmecke die seidige und würzige Luft, die mir ein Wohlgefühl vermittelt, so dass ich die ganze Welt umarmen könnte. Also ein wunderbarer Augenblick im Leben, der alle unsere Sinne anspricht.
Diese gefühlte Hochstimmung wirkt sich auch auf unsere Gedanken aus. Wir fühlen uns in so einer Situation als ein Teil der Schöpfung. Wir können uns vorstellen, dass

wir nur ein unbedeutendes Nichts auf einem winzigen Planeten sind, der wiederum einen interessanten Aspekt/Möglichkeit der Schöpfung darstellt, da auf ihm bewusstes Leben existiert. Wir können uns vorstellen, dass die ganze Vielfalt um uns herum aus verschiedenen Bausteinen, den Atomen und Molekülen zusammengesetzt ist.

Wir können uns weiterhin vorstellen, dass in der Erde unter unseren Füßen Milliarden von Bakterien leben, die den Humus so aufbereiten, dass aus ihm wieder Neues, Nahrhaftes hervorgeht. Wir können uns aber auch gedanklich, augenblicklich auf den Mond oder Mars versetzen und uns die Ödnis auf diesen Himmelskörpern vorstellen.

Diese Gedanken sind auch für uns Menschen neu, denn sie haben nicht direkt mit unserem Überleben zu tun. Unser Gehirn hat immer noch die Hauptaufgabe, dafür zu sorgen, dass wir auch unter den unterschiedlichsten Bedingungen auf dieser Erde überleben. Unser Gehirn hat es aber geschafft, dass wir unsere Existenz auch im größeren Zusammenhang der Schöpfung zumindest erahnen können.

Solche, eben geschilderten Momente möchte man am liebsten festhalten. Um das zu bewerkstelligen, fotografiere und filme ich als Physiker zunächst die Szene, aber nicht nur in dem für uns sichtbaren Licht, sondern auch im langwelligeren Infrarotbereich und mit dem durchdringenden, kurzwelligen Bereich des Ultravioletten bzw. Röntgenbereichs. Die Geräusche nehme ich auch in einem Bereich auf, der wesentlich größer ist, als unser Gehör erfassen kann, und mit einer künstlichen Nase, bzw. Zunge erfasse ich mehr als 15000 Geruchs- und Geschmacksnuancen mit einer Empfindlichkeit, die noch wenige Moleküle erfasst. Den Luftdruck und den Wind erfasse ich ebenfalls, so dass ich nicht nur erkennen kann, ob eine Föhnwetterlage vorliegt, sondern ich auch die gefühlte Temperatur bestimmen kann. Zufrieden nehme ich alle meine Messgeräte mit ins Labor und werte die Daten dort aus. Werde ich diesen wirklich wunderbaren Eindruck auf der Frühlingswiese aus meinen Messdaten rekonstruieren können? Der Eindruck war doch wirklich, denn außer mir gab es noch mehr Menschen in der Umgebung, die ganz ähnliche Hochgefühle hatten. Oder werde ich "nur" eine physikalische, dafür aber objektive Realität erkennen, die nur sehr wenig mit unserer erlebten Wirklichkeit zu tun hat, die ich im Moment, als ich auf der Wiese stand, empfunden habe? Ist unsere Wirklichkeit "nur" das Ergebnis einer fantastisch guten Simulations-Software unseres Gehirns?

Die Antwort ist: ja! Unser Gehirn, der Mittler zwischen dem Individuum und seiner Umwelt, liefert uns objektiv nachvollziehbare Daten aus unserer irdischen Wirklichkeit, die für unser Überleben existenziell sind. Aber zusätzlich liefert uns unser Gehirn zu diesen Fakten immer auch eine persönliche Bedeutung.

Diese Bedeutung ist sehr subjektiv, denn sie basiert auf den gespeicherten Informationen in unserem Gehirn. Das bedeutet aber, dass andere Menschen, die dieselbe Situation erlebt haben, dieser oft eine andere Bedeutung zuordnen als wir. Die Frühlingswiese und die blühenden Bäume sind Voraussetzung für eine gute Ernte, also etwas sehr Wichtigem für das Überleben unserer Vorfahren. Wir empfinden einen blühenden Apfelbaum als schön, wir genießen den Geruch der Blüten, weil es uns eine gute Ernte verheißt. All diese bedeutungsvollen Eindrücke liefert uns unser Gehirn zusammen mit den objektiven, physikalisch messbaren Fakten.

Das bedeutet, dass sich die Wirklichkeit, in der wir leben, aus zwei verschiedenen Informationsquellen

zusammensetzt: Einmal aus einer zum Teil objektiven Information, die wir über unsere Sinne und ev. noch über Messgeräte bekommen und zweitens aus der subjektiven, für uns aber bedeutungsvollen Information, die wir aus früheren Erlebnissen gespeichert haben. Daraus ergibt sich die Tatsache, dass Menschen bei gleicher Fakteninformation zu unterschiedlichen Bewertungen und Empfindungen einer Situation gelangen können. Das aber wieder bedeutet, dass die Information auch unsere Wirklichkeit gestaltet!

1 Einleitung

1.1 Welche Annahmen werden gemacht

Der Mensch ist das Produkt eines natürlichen Evolutionsprozesses, der über 4 Milliarden Jahren stattgefunden hat. Aus diesem Grund ist der Mensch nicht nur als körperliches Wesen, sondern auch mit seinem Gehirn und Geist Teil der Natur und kann deshalb auch Gegenstand naturwissenschaftlicher Forschung und Erkenntnis sein. Es ist uns deshalb möglich die Prinzipien der Natur zu erkennen, wie z.B., den Erhaltungssatz der Energie oder gewisse Symmetrien. Das Problem, das wir bei der Erforschung unseres Bewusstseins oder unseres Gehirns haben, ist ähnlich wie in der Quantenphysik, dass keine klare Trennung mehr zwischen Subjekt und Objekt gegeben ist.
Eine Trennung zwischen Geist und Materie, wie sie einst Descartes postulierte, lässt sich aufgrund der Erkenntnisse der Elementarteilchen-und Quantenphysik nicht mehr länger aufrechterhalten.
Das, was wir und alle übrigen Menschen als unsere Realität täglich erleben, wird im Folgenden als

unsere Wirklichkeit bezeichnet. Diese Wirklichkeit setzt sich zusammen aus den mehr objektiven Daten/Eindrücken unserer Sinne und der persönlichen Bedeutung, die wir einer Information aufgrund gespeicherter, persönlicher Erfahrung beimessen.
Z.B. ist für alle gesunden Menschen rot gleich rot oder heiß gleich heiß. Bei der Beurteilung der Bedeutung, der von unseren Sinnen ermittelten Information, kann es zu großen Unterschieden kommen. Bei gleicher Daten/Sinnesinformation kommt z.b. eine Person zu der Ansicht, sofort zu fliehen, während eine andere Person stehen bleibt und sich einer Auseinandersetzung stellt. Die Information, die uns unsere Sinne liefern, sind eine Projektion der objektiven Realität, während die Bedeutung Teil unserer persönlichen, kulturell und sozial geprägten Lebenserfahrung darstellt.
Die Bedeutung existiert nur in uns Menschen, während die auch physikalisch messbare Information unserer Sinne eine winzige Teilmenge der objektiven Realität darstellt, die unabhängig von uns Menschen existiert. Bei allen physikalischen Theorien, z.B., über unsere Vorstellungen zum Geschehen im Kosmos, kommt es zu einer Überlagerung von Fakten und deren Bedeutung. Die Bedeutung entsteht im Gehirn eines Physikers und ist somit abhängig von dessen persönlichen Erfahrungen, Können und Ausbildung. So ist z.B. ein Verfechter der String-Theorie (S. Weinstein), die die ultimativ kleinste Einheit der Materie auf kleinste Schwingungen zurückführt, ein begeisterter Gitarrist.
Ziel eines Forschers ist, die Fakten und deren Bedeutung zu einem Modell bzw. einer Theorie zusammen zu führen, um damit mehr von der objektiven Realität zu verstehen. Ob das Modell einen Fortschritt für unser Verständnis der objektiven Realität darstellt, entscheidet sich dadurch, ob das Modell neue

Voraussagen über das Verhalten der Natur liefert. Diese Voraussagen müssen in einem Experiment - ev. auch erst viel später - nachprüfbar sein.
Ich werde im Folgenden nicht die Begriffe Wahr, Gut oder Böse benützen, wenn es um die Beschreibung von Naturphänomenen geht, denn die Natur ist weder böse noch gut, sie ist aber höchst konsequent. Die Begriffe Wahr, Gut oder Böse sind im Zuge der Bildung von sozialen Gemeinschaften entstanden und sind notwendig geworden, um ein geordnetes Zusammenleben der Menschen zu ermöglichen.

Als Materiell werde ich nicht nur die uns umgebende Materie bezeichnen, sondern alles, was im Energiebereich über einem Planck´schen Wirkungsquant liegt, also auch elektromagnetische Wellen und die Elementarteilchen bis hin zu den Quarks und unseren Gehirnströmen. Man kann auch ganz grob sagen, alles, was unseren Messgeräten zugänglich ist bzw. in der Zukunft noch zugänglich sein wird. Diese Eingrenzung ist sicher etwas willkürlich, denn die Grenzen unserer Messtechnik verschieben sich ständig zu immer kleineren Einheiten. Aber es ist klar, dass die seriöse physikalische Forschung nur in dem mit Messgeräten zugänglichen Bereich konkrete Aussagen machen kann. Darüber hinaus gibt es zwar Theorien, aber noch sehr wenige Fakten. So ein Bereich betrifft die sogenannten virtuellen Teilchen, womit „Teilchen" gemeint sind, die kurzzeitig aus dem riesigen Energiepool des Quantenvakuums auftauchen können, da sie sich quasi Energie aus dem Pool ausleihen und kurzzeitig als messbare Teilchen erscheinen, um dann sofort wieder zu verschwinden.
Eine ganz andere, aber von mir bevorzugte Definition von materiell lautet: **Materiell ist alles, was dem Prinzip von Ursache und Wirkung gehorcht!**

1.2 Worum geht es in diesem Buch?

Im Kapitel 2 und 3 werde ich die evolutionäre Entwicklung auf unserer Erde beschreiben und auch auf die Zufälligkeiten im Zuge dieser Entwicklung hinweisen. Die Quintessenz wird sein, dass Leben ein natürlicher Bestandteil unseres Kosmos ist, und dass Leben darauf trainiert ist, auch mit extremen Veränderungen zurechtzukommen und sich immer zu einer höheren Komplexität hin zu entwickeln. Ermöglicht wird dies durch die Speicherung von Information über bereits erprobte Strukturen, quasi wie bei einem Gedächtnis, in unserer DNA (desoxiribonuclein acid) in Verbindung mit Informationsprogrammen über das Ein - und Ausschalten von Genen. Die dabei in der Zelle stattfindenden chemischen und strukturellen Abläufe werde ich extrem vereinfacht darstellen, in der Hoffnung, dass der nicht chemisch interessierte Laie nicht sofort zu Lesen aufhört.

Das Wesentlichste am Leben ist, dass es als einzige „Kraft" gegen die Entropie (z.B. Wärmetod des Kosmos) arbeitet und im Gegensatz dazu, Energie aus seiner Umgebung aufsaugt und zum Teil in Form von bedeutungsvoller Information anhäuft!

Im vierten Kapitel geht es um die Evolution der Intelligenz. Ich werde zeigen, dass sich Intelligenz, bzw. das, was wir Geist nennen, Schritt für Schritt entwickelt hat, analog zur Zunahme der Komplexität der Lebewesen. Bereits bestimmten Einzellern kann man eine gewisse Intelligenz zuschreiben, wenn man als Intelligenz die Fähigkeit definiert, seine Umgebung zu analysieren und daraus ein Verhalten abzuleiten, das das Überleben des Individuums begünstigt. Daraus folgt, dass auch Tiere eine sehr hohe Intelligenz besitzen können und auch zum Teil ein Ich und ein Bewusstsein.

Dies mag für Menschen, die aus dem christlichen Kulturkreis stammen, revolutionär klingen. Haben wir doch alle das schöne Deckengemälde von Michelangelo in der Sixtinischen Kapelle im Gedächtnis, das sehr anschaulich das zeigt, was in der Bibel steht, nämlich, dass uns unser Geist von Gott persönlich eingehaucht wurde. Daraus leitete der Mensch seine Zugehörigkeit zu einer höheren Kaste ab, denn er ist ja nach dem Ebenbild Gottes geschaffen und mit dessen persönlichem Odem ausgestattet worden.

Diese Vorstellung hatte auch zur Folge, dass man den von Gott gegebenen Geist von dem schmutzigen, materiellen Körper getrennt betrachtete. Die Philosophen unseres westlich, christlichen Kulturkreises leiteten daraus die Vorstellung ab, Geist und Materie als zwei qualitativ völlig verschiedene Substanzen zu betrachten. Dies führte letzlich, Ende des 19ten Jahrhunderts, zur Blüte des mechanistischen Weltbildes.

Aufgrund dieser Tatsache ist es verständlich, dass sich mit der Evolution der Intelligenz vor allem asiatische Forscher aus Japan und China befasst haben, denn für sie gibt es, begünstigt durch deren Religion, nicht diese strenge Trennung zwischen Tier und Mensch bzw. Geist und Materie. In aufwendigen Experimenten wurde gezeigt, dass sich die Intelligenz parallel mit der Zunahme an Komplexität der Lebewesen entwickelt hat, da eine zunehmende Informiertheit über die Umwelt oder die Sippe, einen zunehmenden Überlebensvorteil darstellt. Man nimmt heute an, dass der Neandertaler, hochspezialisiert für das Überleben während der Eiszeit, durch den besser kommunizierenden und damit besser informierten homo sapiens verdrängt wurde.

Mit der evolutionären Entwicklung eines Gehirns (Kap. 5), das als oberste Aufgabe die Sicherung des Überlebens des Individuums hat, haben sich auch ganz fundamentale Denkmuster entwickelt wie z.B., Ursache

und Wirkung und damit verbunden, die Vorstellung eines zeitlichen Ablaufs allen Geschehens. Der große Vorteil für uns war dabei, dass wir wussten, wenn A passiert muss als Folge B kommen. Für einen Jäger eine lebenswichtige Erkenntnis.
Auch höhere Tiere, wie z.B. Raubkatzen kennen das gesetzmäßige Verhalten ihrer Beutetiere und haben entsprechende Jagdstrategien entwickelt.
Der Mensch hat eine zusätzliche Fähigkeit von der Natur mitbekommen und das ist sein **reflektorisches Bewusstsein /10/**. Diese Fähigkeit, das eigene Handeln reflektieren zu können, ermöglicht uns, das eigene Handeln oder das anderer unter den verschiedensten Gesichtspunkten zu betrachten und zu bewerten. Diese Eigenschaft führt dazu, dass wir auch relativ komplexe Sachverhalte richtig interpretieren können und uns sogar in Gedankenexperimenten in ganz andere Welten "hineindenken" können. Diese Eigenschaft hat zur Folge, dass wir für unser Handeln verantwortlich sind, denn wir können Alternativen in Betracht ziehen. Diese Fähigkeit ist aufgrund der hohen Komplexität unseres Gehirns noch nicht verstanden. In ihrem Buch „Der kreative Kosmos" **/10/** machen T. und B. Görnitz dazu einen sehr interessanten Vorschlag (S. 316), der diese Eigenschaft unseres Gehirns mit der Handhabung „unendlich" großer Teilmengen an Informationen erklärt.
So endet auch dieses Kapitel mit der Aussage, dass die bewusste und bessere Informiertheit über eine Situation der Zweck unserer Hardware Gehirn ist. Unser Gehirn besitzt die Fähigkeit, Informationen zu bewerten und zu relativieren, um anschließend zusammen mit neuen Fakten zu neuen Erkenntnissen/Informationen zu gelangen **/11,12/**. Man muss den Eindruck gewinnen, dass das Leben von einer Information geleitet wird, wie es immer mehr von seiner Umgebung erkennen kann,

um dadurch die Möglichkeit des Überlebens von Leben zu erhöhen.
Im sechsten Kapitel möchte ich u.a. zeigen, dass wir aufgrund unseres Wissens über die Elementarteilchen nicht mehr klar zwischen Materie und Energie bzw. Information unterscheiden können /13, 14, 15/. Wenn wir uns vorstellen, dass ein Proton, also das Teilchen, das im Atomkern die positive elektrische Ladung trägt, aus zwei up und einem down Quark besteht, dann wird sowohl mit Quark als auch mit up und down ein kleiner Unterschied bezeichnet, für den wir keine geeignete Vorstellung aus unserer Erfahrungswelt haben.
Mit up und down werden sehr kleine, energetische Unterschiede bezeichnet, die uns über einen Unterschied informieren, für den wir in unserer Erfahrungswelt nichts Gleichwertiges kennen! Zusätzlich scheint es eine Information zu geben, die besagt, dass durch den Zusammenschluss zweier up- und eines down-Quarks ein stabiles Teilchen, das Proton, entstehen kann!
Weiter werden wir uns näher mit dem Photon befassen. Es ist ein ganz besonderes Teilchen. Es hat keine Masse, aber Energie und bewegt sich mit Lichtgeschwindigkeit. Es ist das Teilchen, das dafür verantwortlich ist, dass die elektromagnetische Kraft bis ins Unendliche reicht.
Photonen kann man beamen, d.h., man kann ein markiertes Photon, also ein individualisiertes Photon, quasi augenblicklich an einen anderen Ort versetzen. Diese Experimente gelingen jetzt auch schon mit Atomen.
Dabei muss es aber klar sein, dass man nicht das individuelle Teilchen von einem Ort zum anderen transportiert, sondern nur die Information, die die Individualität des Teilchens ausmacht.

Auch unser Körper tauscht ständig Atome und Moleküle aus, ohne dass wir unsere Individualität verlieren. Auch in diesem Zusammenhang stellt der führende Physiker für diese Experimente, Prof. Zeilinger von der TU Wien, die mehr rhetorische Frage, ob nicht doch die Information der eigentliche Stoff ist, aus dem alles gemacht ist /16/.

Das Photon bewegt sich mit Lichtgeschwindigkeit, d.h., für das Photon gibt es keine Zeit. Man muss sich darüber klar sein, dass nur wir, die wir das Photon aus einem anderen Bezugssystem heraus beobachten, feststellen, dass ein Photon z.B. vor 20 Millionen Lichtjahren von einem Stern ausgesandt wurde und eben in unserem Auge einen kleinen Lichtblitz ausgelöst hat. Für das Photon ist aber keine Zeit vergangen zwischen seiner Geburt im Stern und der Vernichtung in unserem Auge. Das Photon hätte in der Zwischenzeit, also in den 20 Millionen Jahren, mit einer gewissen Wahrscheinlichkeit überall im Kosmos sein können. Wenn wir dies verstanden haben, dann verwundert uns auch nicht, dass das Photon bei den berühmten Doppelspalt Experimenten anscheinend gleichzeitig durch zwei Spalte fliegen kann. Oder die Schrödinger´sche Katze kann in einer Welt, in der es keine Zeitabfolge zwischen Leben und Tod gibt, zwei Zustände besitzen, nämlich zu 50 % lebendig und zu 50% tot. Nur unsere Prägung, dass der Tod zeitlich gesehen auf das Leben folgt, lässt uns diese Vorstellung, dass etwas sowohl tot als auch lebendig sein kann, als ein Paradoxon erscheinen.

Die Konsequenz aus dieser Erkenntnis ist, dass es in der Welt der Quanten normal ist, dass es für einen Zustand beliebig viele **Möglichkeiten** gibt, weil es keine Einschränkung durch eine zeitliche Abfolge für verschiedene Ereignisse gibt. Auch z.B. für die Verbindung zwischen zwei Punkten gibt es beliebig viele

Möglichkeiten. Wir sind auf unserer Erde geprägt von der euklidischen Geometrie, die besagt, dass die kürzeste Verbindung zwischen zwei Punkten eine Gerade ist. Das entspricht genau dem, was wir jeden Tag erfahren. Aber an anderen Orten des Kosmos, wo z.B. große Massen den Raum krümmen, ist nicht mehr die Gerade die kürzeste Verbindung zwischen zwei Punkten, sondern eine irgendwie gekrümmte Linie. Das gilt bereits schon auf unserer Erde, wo auch die kürzeste Verbindung z.B. zwischen London und New York, nicht eine Gerade sein kann, sondern ein gekrümmtes Segment eines Breitengrades.
Führen wir an einem Atom eine Messung durch, um z.B. herauszufinden wo sich ein bestimmtes Elektron gerade aufhält, so ist uns klar, dass es sehr viele Möglichkeiten gibt, wo sich das Elektron aufhalten könnte. Durch unsere Messung finden wir dann das Elektron an *einem bestimmten* Ort/Bahn. Es wird durch die Messung eine der vielen Möglichkeiten zur Realität und die Information über die restlichen Möglichkeiten geht verloren. Bei einer Messung an einem Quantensystem holen wir eine von vielen Existenzmöglichkeiten z.B. eines Elektrons in unsere Wirklichkeit, also in ein Bezugssystem, in dem Ursache und Wirkung gelten. Welche der Existenzmöglichkeiten, also z.B. auf welcher Umlaufbahn um den Atomkern wir ein Elektron finden werden, ist mit einer ganz bestimmten Wahrscheinlichkeit voraussagbar. So kommen wir zu der uns vertrauten Vorstellung, dass das Elektron ein Teilchen ist, das sich auf einer bestimmten, energetischen Umlaufbahn um den Atomkern bewegt. Aber bereits Einstein hat uns gezeigt, dass man bei der Beobachtung eines physikalischen Vorgangs von einem anderen Bezugssystem aus, zu unterschiedlichen Ergebnissen kommen kann. Also, dass z.B. die Uhren in

einem bewegten System langsamer gehen als in einem dazu ruhenden System.
Oder, dass der vom Boden eines fahrenden Zuges zurück hüpfende Ball für den Beobachter im Zug eine einfache auf und ab Bewegung ausführt, während der Beobachter außerhalb feststellt, dass die Flugbahn des Balles einer Sägezahnkurve folgt. Beide Beobachter haben Recht, aus der Sicht ihrer Welt, d.h. ihres Bezugssystems.
Wenn wir aus unserer Welt heraus ein Quantensystem betrachten, wie z.B. ein Elektron das um einen Atomkern kreist, so muss uns klar sein, dass sich dieses Elektron in seiner Welt der Möglichkeiten mit einer berechenbaren Wahrscheinlichkeit auf den verschiedensten Bahnen befinden kann. Es ist quasi um den Atomkern herum verschmiert. Deshalb beschreibt eine energetische Welle besser den Zustand des Elektrons. Wenn wir durch eine Messung versuchen den momentanen Ort des Elektrons zu bestimmen, dann beschießen wir das Atom z.B. mit Photonen/Lichtquanten. Wir zerstören den Quantenzustand des Elektrons, in dem wir es in unsere Welt herüberholen und in unserer Welt beschreiben wir dann die Eigenschaften des Elektrons besser mit dem Bild eines Teilchens. Von den vielen möglichen Orten an denen sich das Elektron hätte befinden können, haben wir durch unsere Messung einen Ort herausgepickt, d.h., die Information über diese anderen Orte ist verloren gegangen.
Fazit ist, dass Quantensysteme einen höheren Informationsgehalt besitzen als klassische Systeme, da die uns vertrauten klassischen Systeme immer nur eine Möglichkeit aus unendlich vielen herauspicken.
Diese Vorstellung wird uns besonders deutlich begegnen, wenn wir uns mit der Entstehung unseres

Kosmos und des Lebens befassen. Wir werden im folgenden Kapitel 2 erkennen, dass vom ersten Moment des Urknalls an, eine Entwicklung einsetzt, die mit einer ständigen Reduzierung von Möglichkeiten, d.h. einem Informationsverlust verbunden ist. Es ist analog wie in unserem Leben, wo wir auch mit jeder Entscheidung die weiteren, zukünftigen Entscheidungsmöglichkeiten einschränken. Diese ständige Zunahme nicht verwertbarer Information zeigt sich uns in der Tatsache, dass gewisse Abläufe nicht umkehrbar sind. Die Physiker sagen, alle Vorgänge laufen so ab, dass die Entropie zunimmt! Dies führt letztlich zum „Wärmetod" des Universums. Dies ist ein Zustand bei dem es keine energetischen Unterschiede zwischen den noch existierenden Materieansammlungen gibt. Alle Materie hat die Temperatur des absoluten Nullpunkts von 273,3 Grad Celsius erreicht. Wenn es keine energetischen Unterschiede mehr gibt, bedeutet dies, dass es keine Wechselwirkungen und damit auch keinen Informationsaustausch mehr gibt, weil es nichts mehr zu berichten gibt.
Dies ist ein Zustand den wir als Nichts bezeichnen, obwohl er eine Menge Materie und Energie (Nullpunktsenergie) enthalten kann!

2 Der Anfang von Kosmos, Erde und Leben

Die z.Z. von den meisten Physikern akzeptierte Vorstellung über die Entstehung unseres Kosmos wird im sogenannten Standardmodell beschrieben. Es ist ein Modell, das sehr viele experimentelle Ergebnisse exakt beschreibt, das aber auch einige sehr gewagte Annahmen macht, wie z.B. die hyperschnelle Ausdehnung des Raumes kurz nach dem Urknall (sogenannte Inflation). Mit dieser Annahme, sollte die

Tatsache erklärt werden, dass die Materieverteilung im Kosmos sehr gleichmäßig ist und auch die Hintergrundstrahlung - eine elektromagnetische Strahlung aus der Zeit ca. 380000 Jahre nach dem Urknall - nur sehr geringe Temperaturschwankungen von etwa 1/10000 Grad aufweist. Zu dieser Zeit war das Universum soweit abgekühlt, dass die Elektronen von den Atomen gebunden werden konnten und somit die elektromagnetische Strahlung nicht mehr an den freien Elektronen gestreut wurde, sondern sich nun frei in den Raum ausbreiten konnte. Diese Strahlung besitzt eine Energie, die einer Temperatur von 2,7 Grad Kelvin, also -270 Grad Celsius entspricht. Ein weiterer, ganz neuer Befund ist der Nachweis von Gravitationswellen mit einem riesigen Laserinterferometer in den USA. Dieser experimentelle Nachweis der Gravitationswellen stärkt nicht nur das Standardmodell, sondern ist auch ein weiterer Beweis für die Gültigkeit der Relativitätstheorie, die diese Gravitationswellen, also eine Verzerrung des Raumes (Raum-Zeit), vor ca. 100 Jahren voraussagte. Verursacht werden solche Gravitationswellen z.B. durch gewaltige Sternexplosionen, oder wie im jüngsten, dokumentierten Fall, durch die Verschmelzung zweier schwarzer Löcher.

Für die weitere Erklärung experimenteller Daten musste noch die Existenz einer dunklen Materie und einer dunklen Energie gefordert werden. Dunkel bedeutet in diesem Zusammenhang, dass wir noch nicht wissen, um welche Art von Materie und Energie es sich dabei handelt.

Die Hypothese einer dunklen Materie ist notwendig, um zu erklären, dass, trotz den gemessenen Rotationsgeschwindigkeiten der Galaxien, diese nicht auseinanderfliegen, sondern durch eine von einer Masse stammenden Schwerkraft zusammengehalten werden.

Die dunkle Energie ist noch geheimnisvoller. Man hat beobachtet, dass sich das Universum umso schneller ausdehnt, je weiter weg die Objekte von uns sind. D.h., es muss eine Energie geben, die stärker ist als die Gravitation, die bekanntlich dafür sorgt, dass sich Massen gegenseitig anziehen.
Die beiden dunklen Größen machen zusammen etwa 96 % der Masse bzw. Energie im Kosmos aus. Das, was wir an Masse, in Form der Sterne und z.B. der elektromagnetischen Energie, sehen und messen können, macht nur die restlichen 4 % aus. Was wissen wir dann eigentlich von unserem Kosmos?
Sehr wenig!! Selbstverständlich gibt es Hypothesen, die viele experimentelle Ergebnisse auch ganz anders erklären. Aber es ist in den Naturwissenschaften ein übliches Verfahren, ein Modell solange aufrecht zu halten, bis neue Erkenntnisse diese Vorstellungen widerlegen oder diese, wie im Falle des Nachweises des Higgsteilchens oder der Gravitationswellen, diese Theorien auch nach vielen Jahren bestätigen. Gerade die Entdeckung des von Higgs postulierten Teilchens stärkt nochmals die Annahmen des Standardmodells. Wir haben jetzt eine Vorstellung bekommen, wie die Elementarteilchen eine Masse bekamen. Ferner ist das Higgsfeld ein Feld, das sich mit Überlichtgeschwindigkeit ausgebreitet hat. Das Higgsfeld ist deshalb immer schon da, wo immer sich die Materie ausbreitet /17/. Man bezeichnet das Higgsfeld deshalb auch als ein skalares Feld, denn durch das Higgsfeld hat der Raum, auch der noch nicht von Materie und Energie erfüllte Raum, bereits einen bestimmten Wert/Energie. Man könnte auch sagen, es ist immer schon irgendetwas da, bevor überhaupt etwas dorthin kommt. Normalerweise ist ein Feld so definiert, dass es immer eine Richtung aufweist, in die es sich ausbreitet. Ein Feld ist deshalb, mathematisch ausgedrückt, immer vektoriell.

Da wir im Folgenden oft über Theorien und Vorstellungen sprechen werden, die speziell im Zusammenhang mit der Evolution z.Z. heftigst und zum Teil unsachlich zwischen den sogn. Kreationisten, Darwinisten und den Anhängern des „intelligent design" diskutiert werden, möchte ich kurz die Kriterien anführen, die für eine wissenschaftliche Theorie notwendig sind. Selbst eine wissenschaftliche Hypothese kann eine Mode sein oder zu einem Religionssatz, ja sogar zu einem Dogma werden. Es ist deshalb elementar wichtig, Kriterien zu erstellen, die uns eine gewisse Sicherheit geben, dass eine Information richtig ist.

Das Oberste Gericht der USA hat schon vor einigen Jahren eine Definition erstellen lassen, welche Anforderungen an eine Methode gestellt werden müssen, um als Wissenschaft anerkannt zu werden. Hintergrund war, wann ein Gericht eine Information als verwertbaren Beweis anerkennen kann. Es wird vom Richter verlangt, festzustellen, ob die Methode überprüfbar ist, ob sie bereits überprüft wurde und welche Fehlerraten sie besitzt. Eine Methode, die sich unmöglich als falsch entlarven ließe, kann nicht den Anspruch auf wissenschaftliche Richtigkeit erheben. Das Problem in der Physik ist, dass manche Theorien Aussagen machen, die unserer Messtechnik ev. erst viele Jahre später zugänglich sind. Man denke nur an die Voraussage, dass es ein Neutrino oder ein Higgsteilchen geben müsste. Beide Voraussagen wurden erst 30 bzw. 40 Jahre später im Experiment bestätigt. Solange hatten andere Theorien ebenfalls ein Existenzrecht. Das Falsifizierungsgebot muss deshalb in der Wissenschaft auch über Jahrzehnte aufrecht erhalten bleiben, solange, bis ein experimenteller Beweis oder Gegenbeweis erfolgen kann. Auch für die oben erwähnte Messung von Mustern in der Hintergrundstrahlung galt dieses Gebot. So wurden

diese Effekte durch eine weitere, unabhängige Messung - in diesem Falle durch Messungen mit dem Satellitenobservatorium Planck - bestätigt.
Das Falsifizierungsprinzip hat sich in der Physik bewährt. Die Physik befasst sich aber mit relativ einfachen Systemen. Systemen die aus sehr wenigen Teilchen bestehen oder Systemen bei denen ein Kollektiv von Teilchen betrachtet wird, wie es z.B. in der Thermodynamik der Fall ist. Also, obwohl man nicht die Geschwindigkeit und den Ort aller Gasteilchen kennt, kann man eine genaue Aussage über den Druck, Temperatur und die Ausdehnung eines Gases machen.

Im organischen, komplexen Bereich gilt das Falsifizierungsprinzip zwar grundsätzlich auch, aber die Situation ist hier wesentlich schwieriger. Die Aussage, wer sich z.B. gegen Kinderlähmung impfen lässt, bekommt diese Krankheit nicht, gilt nicht 100% ig. Es gibt immer wieder Fälle, wo geimpfte Personen trotzdem die Krankheit bekommen. Es ist eine Eigenschaft aller komplexen Organismen, dass sie, ausgehend von einer genetischen Grundstruktur, trotzdem noch viele Möglichkeiten besitzen, auf äußere Einflüsse zu reagieren und u.a. auch die Immunisierung durch eine Impfung kompensieren können. Es ist dies die sogenannte Plastizität organischer Systeme. Nur weil wir nicht alle ursächlichen Zusammenhänge in einem System mit vielen Parametern kennen, müssen wir eine einfache, digitalisierte Entscheidung treffen, uns entweder impfen zu lassen oder nicht. Anhaltspunkt dafür sind natürlich statistische Erhebungen über den Impferfolg. Aber in jüngster Zeit macht sich eine fatale Meinung breit, die besagt: was hilft mir die Statistik, wenn ich zu den Ausnahmen bzgl. der Nebenwirkungen gehöre.

Ich glaube, dass gerade diese Plastizität der Organismen, eine große Bandbreite an Möglichkeiten zu testen, ohne gleich die DNA modifizieren zu müssen, das Überleben des Lebens gewährleistet.
Aber wieder zurück zu unseren Vorstellungen über den Kosmos.
Was beim Standardmodell noch hinzukommt, ist, dass es sicher stark von philosophischen Vorstellungen, also von Bedeutungen, die die Forscher einer Tatsache beimessen, geprägt ist. Dazu gehört, dass wir an Symmetrien glauben und am Anfang alles sehr einfach gewesen sein muss. Daraus folgt, dass wir den Zustand zu Beginn unseres Kosmos als einen Zustand definieren, bei dem es nur eine Urkraft gab und alles auf extrem kleinstem Raum vereinigt war. Es gab weder Zeit noch Raum, es gab eigentlich nur Energie und die unendlich vielen Möglichkeiten wie ein Kosmos sich gestalten könnte. Die heute, von den meisten Kosmologen akzeptierte Vorstellung ist, dass dieses winzige Etwas vor etwa 13,7 Milliarden Jahren explodierte, was man als den Urknall bezeichnet. Das unvorstellbar kurze Zeitintervall zwischen Null und 10^{-43} sec wird als die Planck Ära bezeichnet. In diesem Zeitintervall waren die vier Grundkräfte, Gravitation, elektromagnetische Kraft, die starke und die schwache Wechselwirkungskraft vereinigt. Es herrschte eine extrem hohe Temperatur. Mit der Ausdehnung kühlte diese Energiewolke ab und es spalteten sich nach und nach die verschiedenen Kräfte ab. Zuerst die Gravitation, dann trennte sich die starke Wechselwirkungskraft (sie hält die Atomkerne zusammen) von der elektromagnetischen Kraft. Ca. eine millionstel sec nach dem Urknall hat sich dann auch die schwache Wechselwirkungskraft (sie ist für den radioaktiven Zerfall der Elemente verantwortlich) von der elektromagnetischen getrennt.

Es entstehen Quarks und Antiquarks, kurz darauf auch Photonen, Protonen, Neutronen, Elektronen sowie Neutrinos und all deren Antiteilchen. Die Teilchen und Antiteilchen vernichten sich gegenseitig, wobei eine riesige „Menge" Energie freigesetzt wurde. Was ist damit passiert? Eine sehr kleine, noch nicht erklärbare Überzahl an Materie – Teilchen, im Vergleich zu den Antimaterie – Teilchen, bewirkte, dass die Antimaterie verschwand und nur noch die Elementarteilchen übrig geblieben sind, die wir jetzt als Quarks, Elektronen und Photonen etc. bezeichnen. Hätte es diese winzige Asymmetrie nicht gegeben, dann hätte sich, bevor es überhaupt zur Sternenbildung kommen konnte, unser junger Kosmos bereits wieder selbst vernichtet. Er wäre eine instabile Möglichkeit unter unzähligen anderen gewesen.
So aber beginnt mit der weiteren Abkühlung die Bildung der ersten Atomkerne, Wasserstoff und Helium. Mit weiter sinkender Temperatur beginnen dann diese Atomkerne die freien Elektronen einzufangen bis es keine freien Ladungsträger mehr gab. Erst jetzt, ca. 380000 Jahre nach dem Urknall, wird das Universum transparent. Die Photonen können nun frei fliegen und stoßen nicht mehr mit frei herumfliegenden Elektronen zusammen. Diese elektromagnetische Strahlung, die 380000 Jahre nach dem Urknall existiert hat, ist bis heute nicht ganz verschwunden, sondern ist im ganzen Kosmos verbreitet. Wir können sie heute noch als sehr schwache Strahlung, in Form der sogenannten Hintergrundstrahlung messen. Die Temperatur dieser Mikrowellenstrahlung ist sehr gering und entspricht ca. -270 °C. Da eine elektromagnetische Strahlung immer durch eine Frequenz bzw. Wellenlänge charakterisiert ist, im Falle der Hintergrundstrahlung, einer Mikrowellenstrahlung kann man mit einer ganz einfachen Formel dieser Strahlung eine Energie zuordnen. Diese

Energie lässt sich wiederum in eine andere Energieform, in diesem Fall Temperatur, umrechnen.

Nach den ersten 380000 Jahren beginnt die Ära größerer, materieller Dichteschwankungen, was aufgrund der Schwerkraft zur Bildung von Galaxien bzw. Galaxie - Haufen führte.

Die Sterne dieser Galaxien bestanden nur aus Wasserstoff und Helium, sie sind sehr groß (ca. 6 bis einige 100 Sonnenmassen), was bedeutet, dass sie eine relativ kurze Lebensdauer von einigen Millionen Jahren (bei ca. 100 Sonnenmassen) bis zu wenigen Milliarden Jahren (ca. 6 Sonnenmassen) haben. Unsere "kleine" Sonne hat eine Lebenserwartung von ca. 10 Milliarden Jahren!

Bei Sternen der Größenordnung unserer Sonne entsteht durch Verschmelzung von Wasserstoff-Atomen zunächst Helium. Anschließend, wenn die Temperatur in der Sonne noch höher wird, werden noch schwerere Elemente bis hin zum Sauerstoff gebildet. Unsere Sonne z.B. wird zu einem roten Riesen. Je nach ursprünglicher Größe kommt es entweder zu einer Explosion (Supernova der Klasse I) oder der rote Riese fällt in sich zusammen und wird ein weißer Zwerg.

Sterne, die mehr als 100mal so groß sind wie unsere Sonne, fallen aufgrund der Schwerkraft in sich zusammen, wenn die leichteren Elemente alle durch Fusion verbraucht sind und die Temperatur dadurch zu sinken beginnt. Jetzt wird die Materie dieser Sterne durch die Schwerkraft zusammengepresst und es steigt die Temperatur auf einige Hundert-Millionen Grad. Jetzt ist genügend Energie vorhanden, so dass durch Kernverschmelzung noch schwerere Elemente bis hin zum Eisen gebildet werden. Die Fusion erlischt, denn Eisen ist ein sehr stabiles Element. Für das Erschmelzen noch schwererer Elemente würde mehr Energie benötigt, als durch die Fusion von weiteren Eisenkernen gewonnen werden kann. Die Schwerkraft presst aber diesen Eisenkern dann extrem stark zusammen, der Kern erhitzt sich so stark, dass es zu einer gewaltigen Explosion kommt, so dass diese Elemente in den interstellaren Raum als Staubteilchen hinaus geschleudert werden. Man spricht dann von einer Supernova der Klasse II. Das Eisen im Kern unserer Erde stammt von solch einer Supernova. Genaueres können Sie aus den sehr anschaulichen Erläuterungen von Harald Lesch in der Sendereihe Alpha-Centauri erfahren.

Bei den ursprünglich sehr großen Sternen bleibt nach dieser Explosion ein kleiner, einige Kilometer im Durchmesser großer, massereicher Kern übrig, der nur aus Neutronen besteht. D.h., es handelt sich um die dichteste Materie, die wir bisher kennen. Ein Kubikzentimeter dieser Materie wiegt mehrere Millionen Tonnen. Es kommt nun zufällig vor, dass z.B. zwei Neutronensterne relativ nah beieinander sind und sich gegenseitig anziehen. Dabei umkreisen sich die beiden Sterne immer schneller bis sie ineinander stürzen. Bei solch einem Ereignis entstehen Temperaturen bis zu einer Milliarde Grad. Jetzt ist auch so viel Energie vorhanden, dass sich auch Elemente schwerer als Eisen, also auch Gold und Uran, bilden können.

Bei der folgenden Explosion werden dann auch diese Elemente in den interstellaren Raum geschleudert. Erst jetzt sind alle 92 natürlichen Elemente im Kosmos vorhanden. Eine Grundvoraussetzung, dass überhaupt komplexere Systeme, u.a. Leben, entstehen können.

Bemerkung: *Wir erkennen hier einen Vorgang, bei dem auch in der unbelebten Materie eine Entwicklung zu höherer Komplexität stattfindet. Auch hier saugt ein Stern einen zweiten an und nimmt dessen Masse=Energie auf, so dass erst dadurch genügend*

Energie vorhanden ist, um die schwereren Atome zu erbrüten. Wir wissen, dass die ersten Sterne ihren Wasserstoff zunächst mittels einer Fusionsreaktion zu Helium „verbrannt" haben. Danach kühlt der Stern ab, der Stern fällt in sich zusammen, wobei die Schwerkraft das Innere stark zusammenpresst. Die Temperatur steigt wieder an und zwar höher als vorher, so dass weitere Fusionsreaktionen, die eine höhere Startenergie benötigen, stattfinden können. Dabei werden die Elemente bis zum Eisen durch Fusion erbrütet. Es bedarf dann eines weiteren, noch energiereicheren Ereignisses, siehe oben, damit auch noch die ganz schweren Elemente erbrütet werden. Ähnliche, schubförmige Entwicklungsphasen finden wir auch bei der Evolution des Lebens, wo auch durch die Erschließung immer energiereicherer Nahrung die Entwicklung in Richtung komplexerer Organismen ermöglicht wurde. Es muss uns dabei klar sein, dass die Entwicklung vom Quark bis hin zum Uran oder den Sternen, immer gemäß den physikalischen Gesetzen, die beim Urknall der Evolution unseres Kosmos mitgegeben wurden, von statten ging.
Wie kommt es nun zu einer Planetenbildung?
Wir haben von den riesigen Explosionen gehört, die gar nicht so selten sind. Jede dieser Explosionen erzeugt eine Druckwelle, die den interstellaren Staub komprimiert, so dass Klumpen von Materie entstehen. Ist zufällig noch ein zentrales Gravitationszentrum vorhanden, dann beginnen diese Materieklumpen um dieses Zentrum herum zu kreisen.
Erst jetzt, also frühestens ca. 6-8 Milliarden Jahre nach dem Urknall, sind die Voraussetzungen für die Entstehung von Planeten gegeben, indem die etwas größeren Materieklumpen die kleineren aufsammeln und so zu immer größeren Gebilden bis hin zu einem

Planeten anwachsen, der aufgrund der Schwerkraft so stark komprimiert wird, dass er zu glühen beginnt.
Für die Entstehung von Leben muss sich dann nicht nur der Planet, sondern auch das Weltall in der Umgebung eines Planeten soweit abgekühlt haben, dass der Planet auch Wärme abgeben kann. Andernfalls würde er sich unter seiner Atmosphäre soweit aufheizen,
dass die Temperaturen wieder über 150 °C steigen, was wiederum die Existenz von größeren, komplexen Molekülen, wie z.B. die DNA (desoxiribonuclein acid) unmöglich macht.
Das aber bedeutet, dass intelligentes Leben überhaupt erst ca. 8-9 Milliarden Jahre nach dem Urknall beginnen konnte sich zu entwickeln.
Dazu passt, dass vor ca. 4,6 Milliarden Jahren sich an der Stelle unseres heutigen Sonnensystems eine ausgedehnte Materiewolke befand, die sich um ein gemeinsames Gravitationszentrum bewegte. Die Wolke bestand zu ca. 99 % aus Wasserstoff und Helium, sowie aus sehr kleinen Staubteilchen, bestehend aus schweren Elementen und Verbindungen wie z.B. Wasser, Kohlen - Monoxid und Dioxid, Kohlenwasserstoffen, sowie Siliziumverbindungen und Aminosäuren. Der Wasserstoff und das Helium stammten noch direkt vom Urknall, während die schwereren Elemente in der ersten Sternengeneration erbrütet und durch eine Supernova ins All geschleudert wurden. Ev. gab eine weitere Supernova Explosion in der Nähe dieser rotierenden Materiewolke den Anstoß, dass sich Verdichtungen bildeten. Es entstand ein Zentralstern – unsere Sonne – und nach und nach bildeten sich die Planeten, wobei die größeren Klumpen die kleineren in ihrer Umgebung einsammelten. Unsere Erde war einer von diesen größeren Klumpen und man schätzt das Alter unserer Erde heute auf ca. 4,5 Milliarden Jahre. Durch das Anwachsen der Masse

entstand ein immer größerer Druck, der dazu führte, dass diese Staub und Dreckklumpen – die auch das Wasser enthielten -, unterstützt durch radioaktive Elemente, immer heißer wurden, bis sie eine glühende Masse bildeten. Trotz der Abstrahlung von Wärme glüht das Erdinnere immer noch, was nicht nur an der großen Masse liegt, sondern auch teilweise an der Wärmezufuhr, die durch den Zerfall radioaktiver Elemente zustande kommt. Die Abstrahlung von Wärme in den eiskalten Weltraum führte dazu, dass sich schon sehr früh eine dünne Kruste bildete und dass das Wasser, das in den nahezu unzähligen, eingesammelten Asteroiden und Meteoriten enthalten war, schon sehr früh zur Bildung der Ozeane führte. Nach neuesten Erkenntnissen etwa 500 Millionen Jahre früher als bisher angenommen. Man konnte dies anhand extrem alter Gesteine nachweisen, die es auf der Erde gibt und wie man sie z.B. in der Wüste Arizonas findet. Diese Gesteine enthalten dünne Schichten von Magnetit, einem magnetischen Material, das sich nur im Wasser ablagern kann. Ferner enthielten die Meteorite auch alle möglichen Aminosäuren, also die für die Entstehung von Leben notwendigen Basisbausteine.

Dass unser Erdinneres immer noch glüht und sehr viel Eisen und Nickel enthält, liegt an einer weiteren Besonderheit unserer Erde. Die frühe Erde wurde von einem relativ großen Planeten, mit der zwei bis vierfachen Marsmasse, getroffen und zwar derart, dass der heiße Eisen-Nickel Kern dieses Planeten in das Innere unserer Erde eindrang, während das äußere, stark Silizium haltige Material unserer Erde in das All geschleudert wurde und dort unseren großen Mond bildete. Die kinetische Energie dieser riesigen Eisen-Nickel Masse erzeugte die Wärme, die noch heute dafür verantwortlich ist, dass diese Elemente in flüssiger Form im Erdinneren existieren, wobei aufgrund der hohen Temperatur die Metallatome im ionisierten Zustand vorliegen. Diese beweglichen, elektrischen Ladungen erzeugen das Erdmagnetfeld, das wiederum die komplexen, chemischen Verbindungen vor dem Beschuss mit energiereichen Teilchen, die die Sonne ständig ausstößt, schützt. Weiter schützt uns der Ozon in unserer Atmosphäre vor der energiereichen, ultravioletten Strahlung. Dies sind zwei der vielen Besonderheiten unserer Erde, die aber notwendig waren, damit sich auf der Erde Leben bilden konnte.

Vier weitere Besonderheiten möchte ich noch erwähnen: Die eine ist der optimale Abstand zu unserer Sonne, weshalb wir auf der Erde Temperaturen haben, die wieder die Existenz von komplexen Molekülen ermöglichen. Weiter besitzt die Erde einen großen Mond, der dazu beiträgt, dass die Erde eine stabile Rotationsachse besitzt, d.h. wir haben eine seit Milliarden Jahren stabile Abfolge der Jahreszeiten. Dies ist ein sehr wichtiges Kriterium für die evolutionäre Entwicklung des Lebens auf der Erde. Was weniger bekannt ist, aber für die Entwicklung von höherem Leben entscheidend, ist unser großer Jupiter als äußerer Planet in unserem Sonnensystem. Er lenkt die meisten größeren Meteore und Asteroiden von uns ab oder diese stürzen in den Jupiter. Die Erde ist deshalb in späterer Zeit nur von wenigen, großen Meteoren bzw. Asteroiden getroffen worden. Welche Auswirkungen so ein Einschlag auf das Leben und die evolutionäre Entwicklung hatte, zeigt uns das Aussterben der Sauriere vor ca. 67 Millionen Jahren.

Wir haben bei der vorangegangenen Beschreibung der Entwicklung unseres Kosmos als selbstverständlich angenommen, dass sich sowohl stabile Elementarteilchen wie z.B. das Elektron oder das Proton, als auch die 92 stabilen, natürlichen Elemente bilden konnten. Dies ist nur deshalb möglich gewesen, weil gewisse Naturkonstanten, also eine Information vom Beginn unseres Universums stammend, einen ganz exakten Wert besitzen. Auch die Tatsache, dass die negative, elektrische Ladungseinheit auf viele Dezimalstellen genau denselben Wert besitzt wie die positive Ladungseinheit, ist nicht selbstverständlich. Bereits eine Abweichung z.B. 10 Stellen hinter dem Komma würde schon bedeuten, dass es keine stabilen Atome geben könnte. Das bedeutet aber, dass beim Urknall entweder durch Zufall genau diese Bedingungen entstanden sind, die Voraussetzung für die Entstehung eines stabilen Kosmos sind, in dem sich Galaxien, Sterne und Planeten bilden können oder es ist bereits hier ein Selektions- oder Evolutionsprozess vorausgegangen.

Ich erwähne diesen Gedanken deshalb, weil er ev. zeigt, dass eine evolutionäre Entwicklung ein Grundprinzip in unserem Kosmos sein könnte. Die Quantentheorie besagt im Gegensatz zur Relativitätstheorie, dass die gesamte Energie nicht auf einen Punkt (Ausdehnung Null) konzentriert sein kann, denn dies verstößt gegen die Heisenberg`sche Unschärfe Relation. Letztere besagt, dass man den Ort und die Energie nicht gleichzeitig mit höchster Genauigkeit kennen kann. Aus der Quantentheorie hat sich eine Vorstellung entwickelt, die von einem, auf kleinsten Raum konzentrierten, sogenannten Quantenschaum oder löchrigen Käse ausgeht. In diesem Quantenschaum oder „Käse" könnten in den verschiedenen Bläschen alle möglichen Kombinationen von Werten für die Naturkonstanten "ausprobiert" worden sein. Je nachdem ob eine Kombination, also eine Möglichkeit, zu stabilen Verhältnissen führt, wird das Bläschen mehr oder weniger groß. Unser Kosmos wäre im Rahmen dieser Vorstellung das Ergebnis einer sehr stabilen

Kombination und deshalb konnte er sich zu solch einer Größe auswachsen.
Man könnte auch sagen, dass eine wesentliche Information, die über die Naturgesetze und deren Konstanten unserem Kosmos für dessen evolutionäre Entwicklung mitgegeben wurde, ist, stabile Zustände zu entwickeln!

3 Die Entstehung von Leben auf der Erde

Wie das Leben auf der Erde entstand, ist noch nicht geklärt /18/. Was man weiß, ist, dass bereits mit der Entstehung der Erde und mit den unzähligen Meteoriten und Asteroiden, die die Erde damals trafen, nicht nur das Wasser, sondern auch Aminosäuren auf die Erde gelangten. Dies haben auch die Messdaten gezeigt, die die Raumsonde Rosetta vom Kometen 67P/Tschurjumow-Gerassimenko übermittelte. Das Besondere dieser Messungen ist, dass sich auf dem Komet, der aus den Tiefen des Kosmos stammt und über 4 Milliarden Jahre alt ist, bereits komplexe, organische Moleküle, nämlich Aminosäuren befinden. Aminosäuren sind folglich sowohl über Kometen, Gesteins- und auch über wasserhaltige Asteroiden und Meteoriden in großen Mengen auf die Erde gelangt. Als vor wenigen Jahren ein Satellit auf solch einem, aus schmutzigen Eis bestehenden Asteroid landete, spritzten mehrere Millionen Liter Wasser in den Weltraum. Es ist nicht auszuschließen, dass diese Himmelskörper auch noch komplexere, organische Moleküle mit sich führten. Um von einer Aminosäure zu einer DNA zu kommen, ist es ein gewaltiger Schritt. Jüngste Experimente mit einer simulierten Uratmosphäre haben gezeigt, dass auch RNA Moleküle (ribonuclein acid) auf der frühen Erde entstehen konnten. Diese Moleküle besitzen schon die Eigenschaft der Vervielfältigung, also Vermehrung und

Speicherung von Information, ähnlich der DNA. Es ist deshalb nicht verwunderlich, dass bereits kurz, d.h., ca. 500 Millionen Jahre nach der Entstehung der Erde, primitivste Lebewesen (sogenannte Prokaryoten, Einzeller ohne Zellkern, die ohne Sauerstoff auskommen) vorhanden waren. Die Erde hatte gerade eine dünne Kruste gebildet, die Ozeane waren noch relativ warm und die Atmosphäre bestand aus für uns giftigen Gasen, wie z.B. Kohlenmonoxid, Methan, Ammoniak und Wasserstoff. Trotzdem findet man diese primitiven Einzeller bereits als Versteinerung in den ältesten Gesteinen.

3.1 Wie entstand höheres Leben?

Ich möchte zunächst mit einer physikalischen Eingrenzung des Begriffs Leben beginnen. Wir wissen, dass sich eine Tasse mit heißem Tee soweit abkühlt, bis sie Raumtemperatur angenommen hat. Wir wissen weiter, dass, wenn die Tasse zu Boden fällt, sie in viele Teile zerspringt. Es ist noch nie beobachtet worden, dass sich die Teile wieder zu einer Tasse zusammenfügen und auf dem Tisch als ganze Tasse landen oder dass der Tee in der Tasse heißer wird und der Raum sich abkühlt. Es ist ein fundamentales Empfinden, dass in all dem Geschehen im Kosmos ein Zeitpfeil steckt, der dahin wirkt, dass ein System, wenn man es sich selbst überlässt, immer den Zustand der größten Unordnung annimmt. Die Physiker sagen, die Entropie eines Systems nimmt immer zu. Wir werden uns später noch ausführlich mit dem Begriff der Entropie befassen. Eine Konsequenz dieser Gesetzmäßigkeit wäre, dass unser Kosmos eines Tages den Kältetod sterben könnte, d.h. alles hat dieselbe, niedrige Temperatur angenommen. Es gibt keine energetischen Unterschiede und damit gibt es keine Bewegung bzw.

keine Information mehr, weil sich nichts mehr unterscheiden lässt. Man sagt, das System hat sein thermodynamisches Gleichgewicht erreicht.
Leben ist das genaue Gegenteil eines thermodynamischen Gleichgewichts. Leben ist ein Zustand weit entfernt von diesem Gleichgewicht, ein Zustand hoher Ordnung und damit auch ein Zustand von großem Informationsinhalt. Wie kann sich Leben gegen diesen universellen Trend der Zunahme von „Unordnung" stemmen? Der Grund ist, dass Leben kein abgeschlossenes System darstellt, sondern mit seiner Umgebung in Verbindung steht und aus dieser Umgebung Energie und Information bezieht. Dadurch ist es dem Leben möglich, einen hoch geordneten Zustand mit einem großen Informationspool aufrecht zu erhalten. Dies umso mehr, je energiereicher die Nahrung der Lebewesen ist. Solange wir leben, nehmen wir Energie aus unserer Umgebung auf und produzieren durch unser Handeln ständig Information. Wir kaufen ein und planen das Kochen eines Menüs. Allein in diesem einfachen Handeln steckt eine Menge Information. Wir erziehen Kinder und geben dabei Information weiter. Diese Information haben wir oft nur mit viel Energieaufwand erarbeitet.
Diese grundlegende Notwendigkeit, dass Leben die Aufnahme von Energie aus seiner Umgebung benötigt, finden wir deshalb auch in den Definitionen der Biologen wieder, obwohl es noch keine einheitliche Definition gibt.
Es gibt eine Minimalanforderung an das Leben, auch Autopoiesis genannt, nämlich die Fähigkeit sich selbst zu erhalten und zu reproduzieren (Weitergabe von Information).
Doch diese Definition ist zu eng gefasst, denn auch ein System wie eine Flamme, also Feuer, hat einen Stoffwechsel, kann wachsen und sich vermehren.

Eine etwas umfassendere Definition wurde von der NASA erstellt. Diese Definition ist aber hauptsächlich eine Aufzählung von Eigenschaften, die das Leben charakterisieren: Leben hat eine stoffliche Grundlage, sowie einen Energie und Stoffaustausch mit seiner Umgebung. Leben beinhaltet Wachstum, Fortpflanzung und Reaktion auf Veränderungen in der Umwelt. Leben besitzt Selbstorganisation, Informationsspeicherung und die Fähigkeit zur Evolution.
Basierend auf dieser Definition sind Viren keine Lebewesen, denn sie zeigen kein eigenes Wachstum und haben keinen Stoffwechsel. Trotzdem hatten Viren einen entscheidenden Einfluss bei der evolutionären Entwicklung u.a. der Säugetiere.
Zur stofflichen Grundlage des Lebens ist uns nur das auf Nukleinsäuren (RNA und DNA) beruhende Leben bekannt. Fast alle Lebewesen benützen denselben genetischen Code. Aus 4 Nukleotiden und etwa 20 Aminosäuren werden die lebenstypischen Proteine (Eiweiße) und Nukleinsäuren gebildet. D.h., die Basischemie des Lebens ist relativ einfach. Ein typisches Nukleotid besteht aus einer Phosphorsäure und einem einfachen Zuckermolekül (Monosaccharid mit 5 Kohlenstoffatomen), sowie einer der 4 Basen Adenin, Guanin, Cytosin oder Thymin (A, G, C, T); die RNA benützt anstelle von T die Base Uracil.
Ein Nukleotid besteht also nur aus Wasserstoff-, Sauerstoff-, Kohlenstoff-, Stickstoff- und Phosphor-Atomen. Es ist ein kleines Molekül mit einer Länge von etwa 0,4 Milliardstel Meter.
Die Aminosäuren sind eine Klasse von etwa 250 organischen Verbindungen, die für unsere Ernährung sehr wichtig sind. Wir essen sie täglich beim Verzehr tierischer Proteine, also z.B. Fleisch. Chemisch betrachtet besteht eine Aminosäure aus mindestens einer Carboxygruppe (-COOH) und einer Aminogruppe

(-NH2), wobei bei der für Lebewesen wichtigsten Art der Aminosäuren, den 22 alpha-Aminosäuren, die Carboxygruppe direkt an der Aminogruppe hängt, d.h., die alpha-Aminosäuren sind eine gewisse Variante in der räumlichen Anordnung des Aminosäure - Moleküls.
Der Schritt von diesen einfachen Molekülen zur DNA ist vergleichbar mit einem Berg an Kies, Zement und Eisenträgern hin zu einem Hochhaus. Die DNA ist ein langes Kettenmolekül (Polymer) mit einer Länge, im ausgerollten Zustand, von ca. 2 m und einem Durchmesser von ca. 2 Milliardstel Meter. Das Gerüst der DNA ist eine Kette von Nukleotiden, die aus einem Rückgrat an Phosphat - und Zuckermolekülen besteht, an denen jeweils eine der 4 Basen (A, G, C, T) hängt. Insgesamt besteht das menschliche Genom – die gesamte Erbsubstanz - aus ca. 3 Milliarden Nukleotiden. Da eine Zelle nur wenige Millionstel Meter groß ist, muss die DNA komprimiert werden, zunächst in Form einer Doppelspirale (Doppelhelix). In der Zelle ist dann diese Doppelspirale weiter in sogenannte Chromosomen unterteilt. Beim Menschen z.B. sind dies 46 Chromosomenpaare, wobei je ein einfacher Chromosomensatz vom Vater und der Mutter beigesteuert wird. Die Chromosomen wiederum sind in Gene untergliedert, wovon wir ca. 35000 besitzen. Das größte menschliche Chromosom – Chromosom 1 – enthält ca. 250 Millionen Nucleotide. Es gibt Tiere die haben mehr Chromosomen als wir Menschen. Der Schimpanse hat 48, das Rind 60, das Pferd 66 und ein Hund 78.
Die Frage die sich stellt, ist: Kann sich solch eine hohe Komplexität innerhalb von knapp 500 Millionen Jahren zufällig ausbilden, trotz ungünstiger Bedingungen auf der damaligen Erde, insbesondere wegen der hohen Temperatur?

Da Leben auch in seiner einfachsten Form eine hohe Komplexität besitzt, ist es aus unserer irdischen Sicht verständlich, dass Leben chemisch betrachtet auf einer Kohlenstoff Chemie basiert. Kohlenstoff besitzt von allen Elementen die höchste Vielfalt an verschiedensten Verbindungsarten. Dazu gehören auch Verbindungen, die sich bei gleicher Bruttozusammensetzung (siehe Aminosäuren) nur durch unterschiedliche, räumliche Anordnungen unterscheiden. Diese Verbindungen besitzen untereinander nur sehr geringe, energetische Unterschiede, die es ermöglichen, dass diese bei Temperaturen zwischen minus 40 °C und plus 150 °C ineinander umgewandelt werden können. Höhere Temperaturen lassen diese Moleküle jedoch wieder in kleinere Komponenten zerfallen.

Das bedeutet aber, dass die Chemie, die für die Entstehung von komplexen Molekülen am geeignetsten ist, besonders temperaturempfindlich sein muss. Weiter bedeutet es, dass in den ersten 500 Millionen Jahren, als Grundvoraussetzung, bereits eine Evolution auf molekularer Basis stattgefunden haben muss, die dazu führte, dass sich die Kohlenstoffchemie durchgesetzt hat und sich daraus erst die 4 Nukleotide und die Aminosäuren bilden konnten.

Zu dieser Zeit bestand die Erdatmosphäre vor allem aus Kohlenmonoxid, Kohlendioxid, Wasserstoff und Methan. Die Ozeane enthielten hohe Konzentrationen an Ionen (Atome oder Moleküle, die elektrisch nicht neutral sind; Ionen haben entweder ein oder mehrere Elektronen zu viel oder zu wenig) von Übergangsmetallen wie z.B. Eisen und Nickel. Solche Bedingungen finden wir heute noch dort auf dem Meeresgrund, wo unterirdische Vulkane brennen. Man findet in der Umgebung dieser sogenannten „Schwarzen Raucher" bei Temperaturen bis zu 150 °C einfachste Organismen, die ohne Sonnenlicht auskommen und ihren Energiebedarf durch

Oxidation von Wasserstoff und durch Reduktion von Kohlendioxid zu Methan decken. Dies besagt aber nur, dass zu so einem frühen Stadium der Erdgeschichte Leben existieren konnte. Es besagt nicht, wie sich in dieser kurzen Zeit eine so komplexe, chemische Struktur wie die DNA bilden konnte.
Es gibt jedoch noch eine weitere, ältere und größere Küche für die genannten Basisverbindungen, nämlich die interstellaren Gaswolken.
Diese Gaswolken sind sehr kalt, ca. -270 °C. Die erforderlichen Elemente, inklusive Wasser, sind dort ebenfalls vorhanden. Bei den sehr geringen Temperaturen und unter dem Beschuss mit Röntgenstrahlen aus entfernten Sternen, liegt das Wasser nicht in kristalliner Form – als Eis - vor, sondern es nimmt einen glasartigen, amorphen Zustand an, der den Vorteil hat, dass sich die vorhandenen Elemente zunächst in beliebigen Mischungsverhältnissen darin befinden können. Auch die Bildung von langen Polymeren ist nicht ausgeschlossen.
Asteroide und Meteore sind u.a. dreckige, d.h., Kohlenstoff und Wasser haltige Eis-, bzw. Gesteins – oder Metallklumpen, wobei die größeren auch die Erdoberfläche erreicht haben. Experimente, bei denen solche Eisklumpen auf eine Betonwand, mit 300000-facher Erdbeschleunigung geschossen wurden, haben gezeigt, dass im Inneren der Eisklumpen auch komplexe Moleküle, wie eine DNA, nicht zerstört werden. Damit soll, wie einige Forscher glauben, erwähnt werden, dass zumindest lange Polymermoleküle auch als Infekt aus dem Weltall auf die Erde kommen konnten. Aufgrund der auf der Erde günstigen Bedingungen, d.h., es waren genügend Nukleotide und Aminosäuren vorhanden, konnten sich diese eingeschleppten langen Polymer Moleküle zur DNA organisieren und sich weiter vermehren.

Leben gehört demnach genauso zu unserem Kosmos, wie Sterne oder Galaxien. Auch wir Menschen sind ein Produkt aus "Sternenstaub".

Eine abgewandelte Vorstellung ist, dass auf der Erde bereits alle Aminosäuren vorhanden waren, wie oben beschrieben, die in den Urozeanen sich unter den verschiedensten, sich periodisch verändernden Bedingungen miteinander verbinden konnten. D.h., es haben sich sicher auch in kurzer Zeit komplexere Moleküle bilden können. Hätte sich ein Molekül gebildet, z.B. ein RNA-Molekül, das sich selbst reduplizieren konnte, dann hätte dieses Molekül sicher viel "Nahrung" in Form von Eiweiß - Bausteinen oder Nukleotiden vorgefunden, um sich immer weiter zu vermehren. Welche der beiden Vorstellungen die richtige ist, wird sich möglicherweise nie eindeutig beantworten lassen.

Unabhängig davon können wir aber festhalten, dass auf alle Fälle Leben genauso zu unserem Kosmos gehört wie das Entstehen und Sterben von Sternen.
Ist einmal eine DNA entstanden, dann hat die Natur einen Stoff geschaffen, der gezielt auf Veränderungen in der Umwelt reagieren kann und einmal erprobte Lösungen nicht vergisst. Die evolutionäre Entwicklung der Lebewesen auf dieser Erde macht dabei sichtbar, welche vielfältigen und komplexen Vorgänge allein unter den speziellen Bedingungen auf unserer Erde auf molekularer Ebene möglich sind.

Als im Jahre 2002 der US Präsident Clinton stolz die Entschlüsselung des menschlichen Genoms (als Genom wird das gesamte Erbgut eines Lebewesens bezeichnet) verkündete, wusste man, dass nur ein Teil der DNA kodierende Eigenschaften besaß, also Eigenschaften, die direkt die Produktion von Proteinen für den gezielten Aufbau eines Lebewesens anregen. Den relativ großen Anteil an nicht-kodierenden Abschnitten in der DNA

bezeichnete man als junk DNA, also Müll aus der Vergangenheit.
Dieses Ergebnis, von politisch höchster Stelle vorgestellt, stellt insofern den Höhepunkt der DNA-Ära dar, als man glaubte, die DNA sei das zentrale Molekül, das alle Vorgänge in der Zelle steuert. Alles, was in der DNA keine Änderungen hinterlässt, wurde ignoriert. Man kann das nur verstehen, wenn man daran denkt, dass es nach Darwin bis zum Ende des 20. Jahrhunderts zwei Lager in der Biologie gab. Das eine Lager, angeführt von Russland, vertrat die Meinung, dass erworbene Fähigkeiten vererbt werden können, während das andere Lager, angeführt von den USA, genau die gegenteilige Meinung vertrat, nämlich, dass nur über Mutationen, also Änderungen in der DNA, Veränderungen bei Lebewesen bewirkt werden. Das Problem, was die Amerikaner jedoch hatten, war der Befund, dass man trotz Entschlüsselung des menschlichen Genoms keinen Menschen in der Retorte erzeugen konnte und weiterhin störte die Tatsache, dass sich zumindest der kodierende Teil der menschlichen DNA nur um 1,2 % von der des Schimpansen unterscheidet.
Da veröffentlichten schwedische Forscher (L. O. Bygren, G. Kaati und Edvinsson) 2001 und 2002 Ergebnisse von Untersuchungen über die Ernährung von Menschen, die in einer abgelegenen Region (Provinz Norrbotten), knapp südlich des Polarkreises, im Ort Överkalix lebten /3/. Um es kurz zu machen, die Forscher fanden, statistisch korrekt untermauert, heraus, dass, wenn die Großväter väterlicherseits im Alter von 9 bis 12 Jahren entweder genügend oder zu wenig Nahrung hatten, sich dies auf die Gesundheit der Enkel auswirkte! Bei genügend viel Nahrung hatten die Enkel ein um das vierfach erhöhte Risiko an Diabetes zu sterben. Bei Mangelernährung der Väter blieben die Kinder

größtenteils von Herz-Kreislauferkrankungen verschont. Auch bzgl. des Fortpflanzungsverhaltens gab es einen Zusammenhang. Hatte der väterliche Großvater in seiner Jugend ausreichend zu Essen, hatten seine Söhne weniger Kinder, als wenn der Großvater hungern musste.
Diese Befunde waren eine Sensation und wurden dementsprechend heftigst angezweifelt. Aber die Ergebnisse konnten im Laufe der darauffolgenden Jahre (2007, nun zusammen mit M. Pembrey) so untermauert werden, dass man das Ergebnis akzeptieren musste. Heute erklärt man das Ergebnis damit, dass die Weitergabe der Information über das Y-Chromosom (Männer haben nach Vereinigung der Samen- mit der Ei-Zelle eine XY Kombination, Frauen eine XX Kombination der Geschlechts Chromosome) vom Großvater zum Vater und zum Enkel erfolgt. Das von der Großmutter stammende X-Chromosom des Vaters kann von diesem nur an eine Tochter weitergegeben werden und nicht an einen Sohn. Der Sohn besitzt das Y-Chromosom vom Vater und das X-Chromosom von der Mutter.
Aber wie so oft, wenn neue Erkenntnisse in der Wissenschaft gemacht werden, entstehen sofort viele neue Fragen. Eine ganz Wesentliche ist: Wie gelangt eine durch Umwelteinflüsse verursachte Eigenschaft in die Erbbahn? Man hatte keine Vorstellung, wie das passieren könnte.
Bei einer normalen Zellteilung (Mitose) verdoppeln sich die Chromosomen einer Zelle kurz bevor sich diese teilt. Es entsteht praktisch eine weitere identische Zelle. Bei der Zellteilung für die Spermien oder für die Eizelle teilt sich die Zelle derart, dass die entstehende Geschlechtszelle nur den einfachen Chromosomensatz enthält (Meiose). Nach der Vereinigung von Spermium mit der Eizelle entsteht eine neue Zelle, die einen

kompletten Chromosomensatz besitzt, der zu je 50 % vom Vater und der Mutter stammt.

Aus diesen Ergebnissen hat man gelernt, dass die so schmählich betrachtete junk DNA Informationen über das Ein - und Ausschalten von Genen besitzen könnte und somit die Erfahrung aus der Vergangenheit speichern und weitergeben könnte. Es entstand ein neuer Zweig der Genetik, die Epigenetik. Die Epigenetik befasst sich mit erblichen Veränderungen in der Genomfunktion, die ohne eine Veränderung in der DNA von statten gehen und die eine schnelle, flexible Anpassung an die momentanen Umweltbedingungen eines Lebewesens, ermöglichen. Eine Veränderung in der DNA wird von der Natur nur sehr zurückhaltend ausgeführt. Es muss sich ein äußerer Selektionsdruck dann schon über mehrere Generationen aufgebaut haben, ehe eine Veränderung der DNA stattfindet.

3.2 Die Entstehung der Artenvielfalt

Jeder, der bewusst die Natur beobachtet, ist fasziniert von der oft genialen Anpassung eines Lebewesens an seine Umwelt. Dies gilt u.a. für Schutzmechanismen gegen Feinde, für spezielle Fähigkeiten um spezifisches Futter zu finden, zu fressen und verdauen zu können, als auch für Balz und Kampfriten, um einen gesunden Partner für die Fortpflanzung zu finden oder zu erobern. Dies gilt für alle Tierarten, u.a. also sowohl für Insekten und Käfer als auch für Fische, Vögel oder Säugetiere. Charles Darwin entwickelte nach seiner Weltumsegelung, wobei er auch die Galapagos Inseln besuchte, die für seine Zeit revolutionäre Vorstellung, dass die Lebewesen und die gesamte Natur nicht eine einmalige Schöpfung von Gott sind, so wie in der Bibel beschrieben, sondern, dass sich die gesamte Natur, insbesondere die Pflanzen und Lebewesen, ständig an die sich verändernden Gegebenheiten anpassen mussten, um zu überleben. Als sein Buch über die Entstehung der Arten 1858 erschien, war dies der Anfang einer bis heute wirkenden und teilweise noch immer richtigen Vorstellung, dass nur die Arten überleben, die sich am besten an die herrschenden Umweltbedingungen anpassen können.

Seine Vorstellungen, weil sie so revolutionär waren, wurden von vielen mit Begeisterung aufgenommen und auch zum Teil eigenwillig interpretiert. Die Komprimierung seiner Theorie auf die Aussage "the survival of the fittest" (das Überleben des Besten) führte zu der Vorstellung, dass man die latent vorhandenen, genetischen Varianten dazu benützen kann, durch Auswahl gewisse Merkmale/Fähigkeiten gezielt züchten zu können bis hin zu einer Herrenrasse beim Menschen /19/.

Zur selben Zeit machte auch die Physik große Fortschritte. James Maxwell erarbeitete in den Jahren 1861 bis 1864 seine Gleichungen zur ganz allgemeinen Beschreibung des Elektromagnetismus, inklusive der Ausbreitung der elektromagnetischen Wellen. Dieses elegante Gleichungssystem beschreibt ein Phänomen, das Jahre zuvor noch völlig unverstanden und ungreifbar erschien. Diese Euphorie, dass der menschliche Geist fähig ist, alles mathematisch zu beschreiben und zu verstehen, veranlasste einen weiteren, zeitgenössischen Mathematiker, Laplace, zu der Aussage: "die Hypothese Gott benötige ich nicht". Es war der Beginn des mechanistischen Zeitalters, dessen Hauptaussage darin bestand, dass alles aus Atomen besteht und, wenn man den Ort und die momentane Bewegung aller Atome kennen würde, man alles zukünftige Geschehen vorausberechnen könne. Die Welt funktioniert wie ein großes, komplexes Uhrwerk. Alle Lebewesen sind mehr oder weniger große Maschinen. Die Funktion der

Maschine ist aus der Summe ihrer Teile zu verstehen, wie bei einer Uhr.

Man war froh, dass Darwin auch für den organischen Bereich, also für die Natur mit ihren Lebewesen, eine Theorie gefunden hatte, die die Vielfalt der Arten auch ohne Gott erklären konnte.

Die Konsequenz war, dass man nun anstelle von Gott den Zufall, z.B. in Form der zufälligen Mutation von Genen, dafür verantwortlich machen konnte, um die Anpassung der Tiere, an sich verändernde Umweltbedingungen, zu erklären. Diese Vorstellung, dass ein wahlloser Mechanismus, in Form eines zufälligen Beschusses der DNA durch ein Teilchen aus der natürlichen Radioaktivität oder aus der Höhenstrahlung bzw. durch die Wirkung einer chemischen Substanz eine Eigenschaft des betroffenen Lebewesens positiv – im Sinne des Überlebens – beeinflusst, ist auch heute noch eine weit verbreitete Meinung.

Diese Meinung ist nicht mehr haltbar. Dagegen sprechen einige ganz wesentliche Erkenntnisse: Gemäß Darwin vollziehen sich die Änderungen in den Arten langsam und stetig. Die genetische Änderung muss zuerst latent in einer großen Anzahl von Individuen vorhanden sein. Ändern sich dann die Umweltbedingungen derart, dass die Individuen mit der Mutation einen Vorteil haben, dann werden sich diese Individuen bevorzugt vermehren können. Die Realität zeigt aber, dass die Evolution in Schüben erfolgt. Die sogenannte kambrische Explosion ist dafür ein typisches Beispiel. Nach der schwersten Vereisung der Erde (Marinoan Vereisung mit der nachfolgenden kleineren Gaskiers Vereisung) tauchen erstmals Lebewesen mit links-rechts Symmetrie und einer Körperlängsachse auf. Ca. 40 Millionen Jahre dauerte diese Evolutionsphase, an deren Ende, vor ca. 540 Millionen Jahren, die Basisbaupläne für die Körper aller, heute lebender Spezies, inklusive des Menschen, entwickelt waren. Ich muss dabei wieder das Wort genial benützen, denn alle Baupläne für die verschiedensten Tiere, die aus der kambrischen Explosion hervorgegangen sind, sind alles mehr oder weniger starke Abwandlungen ein und desselben Grundbauplanes. Das effektivste Variationsprinzip war dabei die Verdoppelung von Genen oder ganzer Gengruppen. Aus diesem Grund haben wir auch noch viele gemeinsame Gene mit z.B. Fischen oder Mäusen. Man erkennt, dass äußere Stressfaktoren eine Entwicklung im Genom auslösen, die eine aktive Bewahrung der biologischen Stabilität zum Ziel hat. Dieses Verhalten ist alles andere als zufällig!

Ein zufälliger Beschuss der DNA erzeugt, wenn überhaupt, zum aller größten Teil negative Effekte, die keinen Vorteil für das Lebewesen bringen. Ich weise nur auf die Angst von Bewohnern in der Nähe von Kernkraftwerken hin, die der Meinung sind, dass durch die ev. nur geringfügig erhöhten Werte der Radioaktivität, ein erhöhtes Krebsrisiko besteht. Ganz anders ist die Situation in Gebieten, in denen schon immer, z.B. aufgrund von Uranlagern wie im Schwarzwald, eine erhöhte, natürliche Radioaktivität herrscht. In diesen Gebieten liegt das Krebsrisiko manchmal sogar unter dem Landesdurchschnitt. Speziell in Brasilien gibt es eine Stadt Guarapari, deren Strände die weltweit höchste, natürliche Radioaktivität aufweisen, verursacht durch den Thorium haltigen, schwarzen Sand. Man müsste dort ein Mehrfaches an Leukämie Kranken erwarten, verglichen mit dem Weltdurchschnitt. Aber das ist nicht der Fall. Im Gegenteil, die Stadt hat den Beinamen cidade saude (Stadt der Gesundheit).

Auch Chemikalien, wie z.B. Contergan, haben zu Abnormitäten geführt, die bei keinem der betroffenen Menschen einen Vorteil erbracht haben. Man kann sagen, dass durch einen willkürlichen Eingriff in die DNA zu mehr als 99,99 % kein Vorteil für ein Lebewesen entsteht. Dafür ist die Komplexität der DNA viel zu groß und zu sensibel. Je nach Strahlungsintensität oder Konzentration von giftigen Chemikalien würde sich höchstens ein mehr oder weniger primitives Leben auf der Erde einstellen. Dass es höheres Leben auf der Erde gibt, erklären wir im Gegenteil damit, dass wir auf der Erde moderate Temperaturen haben, dass uns unsere Atmosphäre und das Erdmagnetfeld vor Ozon, UV - Strahlung oder dem Sonnenwind schützen. Alles Faktoren, die dazu beitragen, dass gerade keine Schäden in der DNA erzeugt werden. Heute weiß man, dass Moleküle Reparaturmechanismen besitzen, um Defekte zu kompensieren. Es muss ein Molekül schon von mehreren Teilchen getroffen werden, damit ein bleibender Schaden entsteht. Ist die Strahlungsintensität hoch, führt dies zur Zerstörung der Zelle oder des Gewebes, wie man es bewusst bei einer Tumortherapie anwendet. Die Reparaturfähigkeit für DNA - Moleküle ist überlebensnotwendig. Denken wir an die Gene, die für den prinzipiellen Körperbau zuständig sind, also z.B., dass wir einen Brustkorb haben und einen Blutkreislauf, zwei Beine und zwei Hände oder bei Insekten, dass sie einen Chitin - Panzer haben und keinen Blutkreislauf, oder Würmer immer eine weiche, flexible Außenhaut haben. Diese Gene sind seit der oben erwähnten kambrischen Explosion, also seit etwa 550 Millionen Jahren, unverändert geblieben. Andere, nicht so fundamentale Merkmale einer Art haben sich auch u.a. durch punktuelle Mutationen verändert. Dabei sind diese Mutationen sehr ungleichmäßig über unser Erbgut verteilt und nicht, wie man es bei einem zufälligen Geschehen erwarten würde, mehr oder weniger gleichmäßig. Es ist auffällig, dass in bestimmten Genregionen unseres Erbgutes besonders viele solcher

Mutationen auftreten. Es sind dies z.B. die Gene, die für die Herstellung von Antikörper für unser Immunsystem zuständig sind. Aber auch bei den Genen, die durch Duplikation entstanden sind, also Gene, die erst später entstanden sind, lässt die Zelle eine hohe Mutationsrate zu. Man erkennt daraus wieder, dass die Natur alles andere als zufallsgesteuert handelt.

Für die Entstehung immer komplexerer, bzw. intelligenterer Arten müssen mehrere Komponenten gleichzeitig in positiver Weise zusammentreffen. Denken wir nur an einen Vogel. Er hat Federn, einen hohen Stoffwechsel, einen leichten Knochenbau, die entsprechende Muskulatur und ein gutes Auge. Speziell beim Auge und der Gewebestruktur der Muskulatur weiß man, dass diese zu den verschiedensten Zeiten in der evolutionären Entwicklung bei den unterschiedlichsten Tieren angewandt wurden. Beim Auge bis zu 40 Mal. So haben z.B. der Tintenfisch, der Adler und der Mensch äußerst ähnliche Augen. Aus diesen Befunden muss man schließen, dass die Natur gezielt immer wieder erprobte Komponenten einsetzt.

In seinem Buch mit dem Titel: SuperCooperators (Coautor: Roger Highfield), vertritt der Biomathematiker Prof. Martin Nowak (Havard University) die Ansicht, dass Kooperation ein wesentliches Evolutionselement ist, um zu immer komplexeren Strukturen zu gelangen. Der klassische Darwinismus kennt zwei Hauptfaktoren, nämlich Mutation und Selektion. Beide Faktoren erzeugen ein Wettbewerbsszenario, bei dem es darum geht, sich besser als die anderen fortzupflanzen. Kooperation heißt aber, dass ein System – z.B. eine Zelle oder auch ein Mensch - seine eigene Fitness reduziert, um die Fitness eines anderen zu erhöhen. Warum führt eine natürliche Selektion zu so einem altruistischen Verhalten?

Die Antwort von Nowak ist, dass Wettbewerb alleine nicht zur Entstehung komplexer Strukturen führt. Ohne Kooperation wäre die Evolution nie über die ursprüngliche Ursuppe aus RNA Molekülen hinausgekommen. Man nimmt heute an, dass die Urzelle aus Lipidvesikeln (Bläschen, gefüllt mit fettähnlichen Stoffen) bestand, die die RNA Moleküle beinhalteten. Diese RNA Moleküle haben sich zunächst zu Genen, dann zu Chromosomen, später zu einem Zellkern zusammengeschlossen, um mittels ihrer Kooperation immer mehr zur Fitness der Zelle beizutragen. Nur so war es dann der Zelle möglich, z.B. mehr Information über ihre Umgebung in Erfahrung zu bringen und sich somit z.B. besser oder effektiver ernähren zu können. Auch die Entstehung von Vielzellern, Insektenstaaten und von menschlichen Gesellschaften ist nur mit Kooperation möglich. Vielzelligkeit und damit Kooperation ist deshalb ein weiterer, fundamentaler Grundpfeiler der Evolution. Den Zusammenbruch der Kooperation z.B. auf zellulärer Basis nennen wir Krebs!
Kooperation bedeutet aber Informationsaustausch. Es muss bereits beim einfachsten Vielzeller die klare Information bestehen, welche Zelle welche spezielle Aufgabe übernimmt, zum Wohle des übergeordneten Systems. Es wird vermutet, dass der homo sapiens nur deshalb so erfolgreich war, weil er in der Sippe besser kooperierte und damit z.B. dem Neandertaler überlegen war. Die Sprache förderte die Kooperation und damit den Informationsaustausch ganz enorm. Somit war es dem homo sapiens z.B. möglich, sich schneller an neue Gegebenheiten anzupassen und auch in Notzeiten zu überleben. Die Menschen konnten sich informieren, wo z.B. noch Wasser zu finden war oder wo welche Fährte eines Wildes gesichtet wurde. Geheimniskrämerei z.B. über eine Wasserstelle hätte dazu geführt, dass derjenige zwar Wasser gehabt hätte, aber nicht erfahren

hätte, wo es etwas zum Jagen gab. Nach dem Motto: Wie du mir, so ich dir.

Das Verdienst von Charles Darwin besteht darin, dass er einen Mechanismus fand, der es den Tieren erlaubt, auf Veränderungen in ihrer Umwelt gezielt zu reagieren und sich dabei so anzupassen, dass sie weiterleben und sich vermehren konnten. Das Prinzip hinter diesem Vorgang bezeichnete Darwin als die natürliche Auslese.
Betrachten wir als Beispiel die auf den Galapagos Inseln lebenden, nach Darwin benannten, Finken.
Das Gebiet der Galapagos Inseln kann man als eine Brutstätte von vulkanischen Inseln betrachten. Die Inseln wachsen – auch heute noch - aus dem Meer und bewegen sich dann nach Norden. Dabei kommen sie auch in ein anderes Klima, so dass sich die heutigen Inseln nicht nur durch ihr Alter, sondern auch durch ihre Vegetation unterscheiden. Diese reicht von kargen, vulkanischen Gesteinsinseln bis hin zu grünen, fast üppigen Inseln. Irgendwann wurde eine sehr kleine Zahl von Finken, ev. auch nur ein trächtiges Weibchen, z.B. durch Sturm auf eine der Inseln verschlagen. Dort gab es keine Feinde und genügend zu fressen, so dass sich die Finken schnell vermehren konnten. Nach einiger Zeit führte dies zu einer Überbevölkerung, was den Selektionsdruck und die Konkurrenz zwischen den Vögeln erhöhte. Einige der Vögel kamen auch auf die anderen Inseln und fanden dort wieder günstige, aber zum Teil andere Bedingungen vor. So wuchsen auf den vulkanischen Inseln z.B. Kakteen, deren Nektar die Finken gerne fraßen. Um an den Nektar am Grund der Blüte heranzukommen, war ein langer, spitzer Schnabel vorteilhaft. So entwickelte sich über viele Generationen hinweg der Kaktus - Grundfink. Auf einer anderen Insel mit besserer Vegetation, gab es Körner und saftige Rinden zum Fressen. Auf diesen Inseln war ein dicker, fester Schnabel von Vorteil. Nach vielen Generationen

hat sich auf diesen Inseln der Dickschnabel - Darwin - Fink heraus entwickelt. Es haben sich auf den Galapagos Inseln so mit der Zeit 14 Finkenarten entwickelt. Diese leben teilweise auch nebeneinander auf derselben Insel, da sie sich ernährungsmäßig, genetisch und fortpflanzungsmäßig auseinander entwickelt haben. Ein weiteres Beispiel bei Vögeln sind die Kolibris. Es gibt hunderte von verschiedenen Kolibris, wovon sich die meisten durch ihre Schnabelform und dessen Länge unterscheiden. Diese Unterschiede sind über viele Generationen entstanden, da sich eine Kolibri Art auf eine spezielle Blütenpflanze spezialisiert hat. Der Schnabel passt exakt zur bestimmten Blütenform, so wie ein Schlüssel zum passenden Schloss.

Analoges gilt auch für die Landschildkröten auf Galapagos. Auf den grünen Inseln finden die Tiere genügend Nahrung auf dem Boden. Der Panzer dieser Tiere ist dort, wo der Kopf mit Hals hervorschaut, nur wenig ausgebuchtet, denn das Futter der Tiere ist unten am Boden. Auf den kargen Inseln müssen die Schildkröten oft Nahrung (Blätter, Früchte) von kleinen Büschen oder Pflanzen herunterholen. Dazu müssen sie ihren schon etwas längeren Hals nach oben strecken. Damit sie das erfolgreich machen können, ist der Panzer oberhalb des Hals bogenförmig ausgebuchtet. Auch diese Schildkröten unterscheiden sich bereits genetisch von den vom Boden fressenden Verwandten, so dass sie jetzt auch nebeneinander leben können, wobei jede Variante ihre eigene Nahrungsnische besitzt.

Ein weiteres, noch überzeugenderes Beispiel sind die Buntbarsche im Viktoriasee. Dieser See, der in einer tektonisch unruhigen Gegend liegt, entstand vor ca. 400000 Jahren. Es ist der zweitgrößte Süßwassersee der Erde, mit einer durchschnittlichen Tiefe von nur ca. 40 m. In diesem Zeitraum änderte sich öfters die Temperatur im See. Dreimal trocknete er vollständig

aus, zuletzt vor 15000 Jahren. Trotzdem leben in diesem See heute etwa 500 Buntbarscharten. Sie zeichnen sich durch ein komplexes Sozial-, Paarungs- und Brutpflegeverhalten aus. Dies ist typisch, wenn so ähnliche Tiere auf engem Raum zusammenleben. Auch wenn man annimmt, dass während der drei Trockenzeiten einige Fische in irgendwelchen Tümpeln überlebt haben, ist es doch erstaunlich, dass sich solch eine Artenvielfalt in so kurzer Zeit entwickeln konnte. Gemäß unserer Vorstellung ist es aber genau das, was wir erwarten, nämlich, dass bei einem hohen Stress durch die Umwelt die Umorganisation und Umstrukturierung des Genoms durch die Zellen besonders ausgeprägt ist und somit sogar ein Übermaß an Artenvielfalt zustande kommt.
Ein weiteres Beispiel für den Einfluss der Umwelt auf die Körperfunktionen eines Tieres sind die Kängurus. Die Weibchen tragen in sich mehrere, befruchtete Eizellen. Daraus entwickelt sich zunächst ein kleines Känguru (ca. 2 cm), das nach der Geburt in den Beutel der Mutter kriecht und dort über eine Zitze ernährt wird. Herrschen in einem Jahr gute Nahrungsbedingungen, insbesondere wenn genügend Wasser vorhanden ist, dann kann ein weiteres Känguru geboren werden. Dieses Tierchen kriecht auch in den Beutel der Mutter und wird dort über die zweite Zitze ernährt. Dabei werden die verschieden alten Kinder jeweils mit einer auf ihr Alter abgestimmten Muttermilch ernährt.
Man kann diesen Vorgang der Anpassung an die Umwelt und die sich daraus ergebende Artenvielfalt auch etwas abstrakter formulieren. Das Tier erkennt aufgrund seines Gedächtnisses z.B. die Kaktusblüte und dass sich am Boden der Blüte etwas Essbares befindet. Das Gehirn liefert ev. noch zusätzlich die Information, dass das Essbare wohlschmeckend ist. Somit bekommt die Blüte für den Vogel eine zusätzliche Bedeutung,

nämlich, wohlschmeckend bzw. süß. Der Vogel bemüht sich deshalb, dieses Futter besonders oft zu erreichen, obwohl es für ihn nicht ganz einfach ist. Aber seine Bemühungen werden belohnt.
Darwin würde jetzt sagen, dass es in der Finkenkolonie Vögel gab, die z.B. bereits einen längeren Schnabel hatten und die somit leichter an die begehrte Nahrung gelangten. Diese Vögel konnten sich somit besser ernähren, was sie wiederum für die Fortpflanzung potenter machte.
Die neuere Erklärung ist die, dass die von außen kommende Information, da sie immer wieder in gleicher Weise kommt und ev. sogar über mehrere Generationen, in eine chemische Sprache übersetzt wird. Es ist die Sprache, die die Gene verstehen. Der Vogel muss sich anstrengen, ev. verletzt er sich auch noch an dem Kaktus, d.h. das Tier hat einen Stress im positiven Sinne, da es letztlich belohnt wird. Der Körper und insbesondere die Zellen werden jetzt alles daran setzen, diesen ständigen Stress zu vermeiden und das Tier auch körperlich an die Erfordernisse der Umwelt anzupassen. Es werden eine Reihe von komplizierten, chemischen Prozessen aktiviert, die darin enden, dass letztlich die Gene, die für die Form des Schnabels verantwortlich sind, so ein - und ausgeschaltet werden, dass das Tier mehr Belohnung bei weniger Anstrengung erhält, indem ihm ein längerer Schnabel wächst.
Ein weiteres Beispiel dafür, dass sich veränderte Umweltbedingungen auch genetisch niederschlagen können, finden wir bei der amerikanischen Küstenmaus. Diese lebt im Südosten der USA und verwendet einen ganz bestimmten Baustil für ihr Nest. Dieses Nest besitzt einen Eingangstunnel und vom Nest weg führt in einem Bogen bis kurz vor die Erdoberfläche, ein weiterer Tunnel, der als Notausgang dient, sollten Fressfeinde ins Nest eindringen. Man konnte nun auf verschiedenen

Chromosomen drei DNA Abschnitte identifizieren, die über die Länge des Eingangstunnels entscheiden. Auf einem weiteren Chromosom konnte ein vierter DNA Abschnitt gefunden werden, der entscheidend zum Bau des Fluchttunnels beiträgt. Eine Schwesterart der Küstenmaus ist die Hirschmaus. Diese baut ein Nest ohne Notausgang. Nimmt man nun junge Mäuse beider Arten und bringt sie in einen Sandkasten im Labor, dann baut jede Maus ihr arttypisches Nest. Kreuzt man die Küstenmaus mit der Hirschmaus, dann bauen die Nachkommen der ersten Generation alle ein Nest mit Notausgang, d.h., der Bau des Notausgangs, also eine arterhaltende Maßnahme, ist dominant.

Wir haben gelernt, dass Belohnung, Anstrengung, Mangel bzw. Stress/Überlebenskampf Faktoren sind, die chemische Reaktionen in einem Organismus auslösen können. **Es ist genial, dass eine Information über Umweltbedingungen, z.B. ein Mangel, chemische Vorgänge auf molekularer Ebene auslöst.** Diese Vorgänge führen zu einer Artenvielfalt, mit dem Zweck, dass die daraus entstehenden "neuen" oder modifizierten Organismen unterschiedliche Nahrungsquellen erschließen können bzw. leichter (ohne Stress) an die verfügbare Nahrung gelangen. Mündet jedoch der Mangel oder die Anstrengung oder der Stress auf die Dauer nicht in Belohnung, dann kann dies z.B. auch bei uns Menschen zu sogenannten psychosomatischen Krankheiten führen, die uns für den Überlebenskampf schwächen.

Was wir bei der Entwicklung verschiedener Arten von Tieren oder Verhaltensweisen oft vergessen, ist der Faktor Zeit. So wie wir die Erde als statisch betrachten und vergessen, dass sich z.B. Spitzbergen einmal auf der Südhalbkugel befand, so sehen wir auch in der Natur nur einen zeitlich extrem kurzen Ausschnitt und vergessen darüber die Dynamik des gesamten Systems. Wir haben bisher über Merkmale gesprochen, die uns sichtbar sind. Es muss uns aber klar sein, dass all diese Veränderungen und Anpassungen immer nur mit einer Veränderung und Steigerung der Komplexität im subtilen Reaktionsverhalten der Moleküle einhergehen können. Der Mensch ist ein „Augentier", weshalb wir zu allem, was wir sehen können, einen besseren Zugang haben. Wenn man etwas sehen kann, dann ist es für uns etwas Wirkliches, auf das man wesentlich schneller und gezielter reagiert. Denken wir jedoch z.B. an die bakteriellen Infektionskrankheiten. Was hat es im Laufe der Geschichte für seltsame Verhaltensweisen gegeben, um sich z.B. vor Schwindsucht oder der Pest zu schützen. Seit man aber diese Bakterien und später die Viren im Mikroskop sichtbar machen konnte, sind diese Organismen als Fakt akzeptiert worden. Es haben sich dann gezielt entsprechende Verhaltensweisen wie z.B. Händewaschen oder beim Husten die Hand oder besser den Ellbogen vor den Mund zu halten, eingebürgert.

Noch schwieriger ist es mit dem Geschehen auf molekularer Basis. Dieses Geschehen ist nur mit aufwendigen, mikroskopischen Verfahren zu erkennen. Die Strukturen, die man dabei erkennt, sind für uns ungewohnt und deshalb für den Laien nicht besonders aussagekräftig. Dies ist mit ein Grund, warum wir uns schwer tun, Vorgänge, die auf molekularer Ebene täglich auch in uns passieren, in unser Alltagsdenken mit aufzunehmen. Aber wir alle sind in unserem täglichen Leben auf diese Vorgänge auf molekularer Ebene angewiesen. Die Masse aller Mikroben, die in uns leben und die für unser Überleben notwendig sind, ist vergleichbar mit der Masse unseres Gehirns. Ich möchte nur auf unser Immunsystem hinweisen. Unser Immunsystem ist von Geburt an darauf trainiert, fremde

DNA zu erkennen und zu vernichten. Es gibt ein Gedächtnis unseres Immunsystems für bereits früher aufgetretene Bakterien oder Viren. Sobald wieder ein bekanntes Bakterium im Blut entdeckt wird, werden die entsprechenden Abwehrmechanismen aktiviert, um die Bakterien bzw. Viren aufzufressen. Durch Impfen können wir bewusst unser Immunsystem auf gewisse Bakterien oder Viren trainieren, damit im Ernstfall die Abwehrmechanismen bereit stehen. Aber auch auf molekularer Ebene gibt es eine Art von Kriegsführung, denken wir nur an die Grippe oder an die Malaria. Diese Viren bzw. Bakterien können relativ rasch gezielt ihr "Äußeres" verändern, so dass sie von unserem Abwehrsystem nicht mehr erkannt werden. So können wir manchmal, trotz Impfung, wieder eine Virusgrippe bekommen.

Wir besitzen ein angeborenes, genetisch festgeschriebenes Immunsystem, das sehr früh in unserer Stammesgeschichte entstanden ist und mehr oder weniger unverändert geblieben ist. Dieses Abwehrsystem ist unspezifisch bzgl. bestimmter Erreger, aber es stellt gewisse grundlegende Abwehrreaktionen wie z.B. Fieber oder entzündliche Reaktionen bereit.

Das adaptive Abwehrsystem wird dagegen sofort nach der Geburt aufgebaut. Dabei muss u.a. gelernt werden, die verschiedenen, körpereigenen Zellen von den fremden Zellen zu unterscheiden. Unser Immunsystem lernt z.B., gewisse chemische Verbindungen (Antigene) auf der Oberfläche eines Bakteriums zu erkennen und einen Stoff zu produzieren (Antikörper), der sich an das fremde Antigen anhängt und es somit markiert, damit es von den Fresszellen vernichtet werden kann. Anschließend wird diese Information gespeichert.

Diese Vorgänge sind sehr diffizil, denn die chemischen Unterschiede sind sehr oft gering. Ebenso schwierig ist es, körpereigene Immunzellen oder abgestorbene Zellen

zu erkennen bzw. zu entsorgen. Es herrscht ein ganz labiles Gleichgewicht zwischen tausenden von chemischen Substanzen. Nur so kann das Eindringen einer geringen Menge von fremdem Eiweiß, das eines der vielen Gleichgewichte stört, schnell erkannt werden.
Diese Sensibilität unseres Immunsystems geht so weit, dass es auch auf äußere Einflüsse reagiert. Sowohl Geist, Ernährung, psychische Verfassung, Sport oder Stress haben Einfluss auf die Funktionsfähigkeit unseres Immunsystems. Wie sonst können wir uns erklären, dass Placebo - Medikamente einen nachweisbaren Heilungseffekt bewirken. Dieser Effekt ist umso größer, je überzeugender das Medikament vom Arzt empfohlen wurde. Unser Bewusstsein unterstützt praktisch die selbstheilenden Funktionen unseres Körpers, indem gezielt geeignete Abwehrstoffe aktiviert werden.
Wie ist es überhaupt möglich, dass äußere Einflüsse oder unser Bewusstsein die Abläufe in einer Zelle beeinflussen können? Dazu muss es möglich sein, dass äußere Einflüsse oder unser Gehirn die Tätigkeit von Genen beeinflussen können. Diese Möglichkeit der Einflussnahme ist extrem wichtig, denn ohne sie hätte sich wahrscheinlich kein höheres Lebewesen auf dieser Erde entwickeln können. Das Leben ist geradezu darauf spezialisiert, auf Veränderungen in der Umwelt zu reagieren. Aber erst in jüngster Zeit war es möglich, diese Vorgänge in der Zelle teilweise aufzuklären. Jedes unserer ca. 30000 Gene besitzt nicht nur eine kodierende Region, welche die Bauanleitung für das Eiweiß beinhaltet, sondern auch einen oder mehrere Genschalter. Diese sogenannten Promotors sind der Kodierung vorgeschaltet. Sie bestehen auch aus DNA, werden jedoch nicht für die Eiweißproduktion abgelesen. Sie dienen vielmehr als Andockstelle für die sogenannten Transkriptionsfaktoren, das sind Proteinmoleküle, die das Ablesen des Gens, also die

Transkription, veranlassen oder verhindern. Der Genschalter ist z.B. blockiert, wenn sich an den Promotor eine Methylgruppe angehängt hat, umgekehrt ist der Promotor aktiv, wenn der Promotor frei von der Methylgruppe ist. Dieser Vorgang der Methylierung oder Nicht-Methylierung kann durch äußere Einflüsse veranlasst werden. So können z.b. Ernährung, Gifte oder psychische Faktoren wie z.B. mütterliche Zuwendung, aber auch Bedrohung, diese Vorgänge auslösen.

Man kann zusammenfassend sagen, dass z.B. die aktivierenden Transkriptionsfaktoren das Ablesen des Gens beschleunigen, d.h. die DNA wird in RNA umgeschrieben, wobei dieser Prozess von einem Enzym (RNA-Polymerase) katalysiert wird. Das Transkript dient dann der Proteinfabrik der Zelle als Bauanleitung für Enzyme oder andere Proteine.

Neben diesen äußeren Einflüssen haben aber natürlich auch die Gene einen entscheidenden Einfluss. Wir hören immer öfters beim Arzt die Frage, ob es in der Familie gewisse Erkrankungen der Eltern gab. Daraus folgert der Arzt, ob es eine Anfälligkeit für bestimmte Erkrankungen gibt, z.B. Herzinfarkt oder Krebs. Aber diese genetische Anfälligkeit alleine ist meistens nicht ausreichend, damit eine Krankheit ausbricht, sondern es müssen noch weitere, äußere Faktoren wie eben Ernährung oder Stress hinzukommen. Ob jemand wirklich die genetische Anfälligkeit von den Eltern übernommen hat, das entscheidet sich manchmal bereits während der Schwangerschaft. So können eineiige Zwillinge, obwohl genetisch identisch, doch Unterschiede in der Anfälligkeit für bestimmte Krankheiten besitzen. So kann allein durch den Ort in der Placenta, an dem sich der Fötus befindet, z.B. eine unterschiedliche Versorgung mit mütterlichem Blut gegeben sein, was dazu führen

kann, dass gewisse Gene länger oder kürzer aktiviert werden.
Die eben geschilderten Mechanismen sollen zeigen, dass wir ein sehr flexibles, molekulares System besitzen, das die Information über äußere Einflüsse dazu benützt, Gene mehr oder weniger lang zu aktivieren, um eine gezielte Reaktion auf diese äußeren Einflüsse zu erzeugen. Ist z.B. eine schwangere Frau mit dem HI - Virus infiziert, so dass das Neugeborene dem HI - Virus ausgesetzt ist, so besitzt dieses Kind meistens eine höhere Anzahl an Kopien des Gen CCLEL1 und somit ein geringeres Erkrankungsrisiko an AIDS. Erst dann, wenn ein Stress oder ein Druck aus der Umwelt über längere Zeit, also auch über mehrere Generationen bestehen bleibt, wird sich auch eine genetisch sichtbare Veränderung in der DNA einstellen.
Die neuesten Erkenntnisse aus der Epigenetik lassen den Schluss zu, dass es einen sehr sensiblen Ablauf gibt, der Informationen – also alles was unsere Sinnesorgane erkennen und von unserem Gehirn mit einer Bedeutung versehen wurde - in chemische Abläufe übersetzt, um letztlich gewisse Stoffe zu aktivieren, die dann z.B. bestimmte Gene für eine bestimmte Zeit ein- oder ausschalten. Dies ist eine gezielte Reaktion auf äußere Einflüsse, mit dem großen Vorteil, dass sie meistens eine Veränderung in die gewünschte Richtung bewirkt – ganz im Gegensatz zu einer zufälligen Störung der DNA. Mit dem geschilderten Mechanismus kann man nun verstehen, wie sich Modifikationen bei einer Art, z.B. den Darwin Finken oder den Buntbarschen, entwickelt haben.
Wie ist aber die Situation, wenn sich aus einem Saurier ein Huhn oder Vogel entwickeln soll?
Eine Situation bei der es doch zu einer größeren Veränderung in der DNA kommen muss.

Gehen wir etwa 100 Millionen Jahre zurück in unserer Zeit. Die Erde ist warm, es herrscht ein subtropisches Klima, es gibt keine vereisten Pole. Der Sauerstoffgehalt der Atmosphäre ist um einige Prozent höher als heute. Die Dinosauriere leben noch in ihrer ganzen Vielfalt. Es gibt Fleischfresser, Pflanzenfresser, kleine, große und auch fliegende Dinos. Man hat bei Darmstadt (Grube Messel, Weltkulturerbe!) einen kleineren Dino gefunden der schon Federn hatte und in der Mongolei zeigt ebenfalls eine Versteinerung einen Dino, der seine Eier beschützte, d.h. man kann annehmen, dass der ebenfalls kleinere Dino schon eine Art Brutpflege ausführte. Neben den Dinos gibt es in den Meeren auch Krokodile und Haifische. Eine Versteinerung zeigt ein riesiges Krokodil mit 15 cm langen Zähnen. Die Insekten sind auch mindestens doppelt so groß wie heute, denn aufgrund des höheren Sauerstoffgehaltes der Luft, wird der Körper des Insekts, trotz eines nicht sehr effektiven "Blutumlaufes" mit ausreichend Sauerstoff versorgt. Daneben gibt es kleine Maus - bzw. Rattenartige Säugetiere, die eine bevorzugte Beute der Dinos sind. Dann kommt es zur Umweltkatastrophe. Verursacht durch einen Meteoriteneinschlag geht ein Hagel an glühenden Steinen auf die Erde nieder, der so ziemlich alle größeren Tiere tötet. Wer von den Größeren überlebt, verhungert oder erfriert in den darauffolgenden Jahren, da sich durch aufgewirbelten Staub und Asche die Erde verfinsterte. Jetzt schlägt die Stunde der Kleinen. Die Dinos werden zu Vögeln. Die Komponenten gab es schon wie z.B. Federn, Eier legen, Brutpflege und Fliegen.
Die Krokodile dagegen konnten so weiterleben wie bisher. Sie sind nur, ev. aufgrund eines geringeren Nahrungsangebots, etwas kleiner geworden. Ein Krokodil kann auch heute noch durch Reduzierung der Herzfrequenz seinen Stoffwechsel so reduzieren, dass

es ca. ein Jahr ohne Nahrung auskommen kann. Auch die Haie und noch einige andere Fische wie z.B. der Quastenflosser, waren keinem besonderen Stress durch die Umwelt ausgesetzt und blieben deshalb bis heute mehr oder weniger unverändert.

Die kleinen Säugetiere hatten plötzlich weniger Feinde. Da sie bereits früher eine sehr gute Brutpflege entwickelt hatten, in Form einer Placenta, in der sie das Junge oft bis zur Selbstständigkeit austrugen, konnten sie sich in vielfältigster Form vermehren und entwickeln. Wie ist es möglich, dass die Natur so schnell die passende Antwort auf diese Naturkatastrophe fand und somit das Leben auf der Erde erhalten konnte?

Um das zumindest erahnen zu können, müssen wir uns nochmals etwas genauer mit der DNA befassen:

Die DNA ist bereits eine zweite Stufe in der molekularen Evolution. Am Anfang des Lebens standen keine Gene, sondern nur die RNA Moleküle und die Proteine. Es war eine Zeit des Ausprobierens, denn die RNA Moleküle konnten von einer Urzelle zur anderen überwechseln (horizontaler Gentransfer). Auf diese Art konnten auch die Gene von Viren in das Genom von Säugetieren aufgenommen werden. Wir haben ca. 220 Gene von Mikroorganismen, wie z.B. Tuberkelbazillen oder Viren, in unserer DNA. Dies war besonders für die Entwicklung der Placenta bei Säugetieren wichtig, denn es musste ja die fremde DNA des männlichen Tieres vom mütterlichen Immunsystem akzeptiert werden. Dies ist die Spezialität einer Viren DNA, wie wir sie bei jeder Grippe auch heute noch erleben.

Die Gene stehen unter dem Kommando der Zelle. Die Zelle bestimmt, welches Protein gerade benötigt wird. Es wird ein chemischer Mechanismus ausgelöst, der die Information über ein bestimmtes Protein von einem Teilstück der DNA abliest. Die DNA ist quasi die Sicherungskopie der Zelle für die zum Körperaufbau notwendigen Proteine. Man hat erst kürzlich gelernt, dass nur ein kleiner Teil der DNA (kodierende DNA) an diesem wichtigen Prozess teilnimmt. 40 % des menschlichen Erbgutes stellen die kreativen Werkzeuge, die bereits oben erwähnten, u.a., Transkriptionselemente dar. Mit ihnen kann die Zelle den Aufbau des eigenen Genoms verändern, also z.B. Gene verdoppeln, umdrehen, an eine andere Stelle einfügen oder mit anderen Genen oder Genabschnitten zusammenfügen. Dabei geht die Zelle im Ernstfall so vor, dass sie zunächst die Gene bevorzugt dupliziert, die sie in der Vergangenheit oft benutzt hat. Die Transpositionselemente stellen praktisch ein Gedächtnis dar, da sie Informationsmuster über bereits in der Vergangenheit erprobte Genmuster enthalten. Einen weiteren, wichtigen Abschnitt der DNA benötigt die Zelle, um die sogenannte Mikro-RNA zu synthetisieren. Diese Moleküle sind die Werkzeuge, die die Zelle dafür benützt, um den genetischen Apparat zu kontrollieren, also um Gene ein- oder auszuschalten.

Den Genen sind zur Kontrolle wiederum Schalter vorangestellt, die die Signale, die von der Zelle kommen, aufnehmen. Ein weiterer Sicherungsmechanismus besteht darin, dass die kodierenden Abschnitte der DNA von den Transpositionselementen immer etwas abseits angeordnet sind, damit keine Gefahr besteht, dass sie den Informationsablauf eines Gens unterbrechen. Allein wie der lange DNA-Strang in einer Zelle gefaltet ist, ist genial, denn die Faltung ist derart, dass die Genabschnitte, die miteinander öfters kommunizieren müssen einander gegenüberliegen, während u.a. die Transpositionselemente davon abseits liegen. Die Gene, Zellen und der Organismus stehen in einem ständigen Informationsaustausch, um praktisch sicher zu gehen, dass nur die gewünschten Reaktionen ausgelöst werden. Gene für sich können nichts ausrichten. Gene sind Kooperatoren und Kommunikatoren.

Bemerkung:
Die Untersuchungen an Bakterien, wie sich diese z.B. gegen Viren wehren, haben vor kurzem zu ganz generellen Einsichten geführt, wie man die DNA gezielt verändern kann /20/. Das sogenannte CRISPR/Cas9 Verfahren, wurde 2012 von Emmanuelle Charpentier und Jennifer A. Douda veröffentlicht. Bei diesem Verfahren sucht eine Gen-Sonde (RNA-Abschnitte, die dem Abschnitt der Ziel-DNA entsprechen) den Ort auf der DNA, an der diese aufgetrennt werden soll. Mit einer Genschere, CAS 9-Protein, das an die Sonde angekoppelt ist, wird dann die DNA gezielt an einer Stelle aufgetrennt. Die Zelle beginnt sofort wieder mit den oben beschriebenen Möglichkeiten die Bruchstelle zu reparieren. Dabei gehen im Regelfall einzelne DNA-Bausteine verloren und das betroffene Gen kann nicht mehr genau abgelesen werden. Es ist nun möglich, bei dieser Reparatur einzelne DNA-Stücke auszutauschen oder ganze Gensequenzen einzufügen. Im Gegensatz zur bisherigen Genmanipulation, bei der ein Gen an einer mehr oder weniger willkürlichen Stelle in die DNA eingebaut wurde und so auch viele schädliche bzw. unerwünschte DNA entstand, ist das CRISPR/Cas Verfahren eher vergleichbar mit den beschriebenen, natürlichen Verfahren zur Veränderung der DNA. Das Verfahren ist nicht nur präzise, sondern auch noch einfach und billig. Damit wird aber auch die Tür für eine ungezügelte Genmanipulation geöffnet, mit der es möglich ist, nicht nur Krankheiten zu heilen, sondern auch alle (un)möglichen Lebewesen-Kreuzungen zu kreieren. Der Mensch hat nun ein Werkzeug seine kulturelle Evolution durch eine genetische Evolution zu erweitern.

Das ist wieder ein Beispiel für eine bedeutsame Information, durch die wir die naturgesetzlichen Zusammenhänge besser verstehen. Es wird uns die Möglichkeit eröffnet, die Evolution des Lebens selbst zu beeinflussen. Dies jedoch immer unter der Randbedingung, dass auch diese Evolution nur gemäß unseren Naturgesetzen erfolgen kann.

Was wir aus dem Vorangegangenen lernen, ist, dass der Zelle wieder eine wesentliche Rolle bei der gezielten Reaktion auf Umwelteinflüsse zukommt. Dies ist für mich aber nicht verwunderlich, wenn man bedenkt, dass die Einzeller, die ja nur aus einer einzigen Zelle bestehen, die ältesten und erfolgreichsten Lebewesen auf unserer Erde sind. Die Einzeller lebten schon auf der Erde, als es noch keinen Sauerstoff in der Atmosphäre gab. Sie schafften es, den eigentlich für sie giftigen Sauerstoff für sich zu nutzen, um mehr Energie zu gewinnen. Sie überleben bei extrem niedrigen oder hohen Temperaturen und werden an den unwirtlichsten Orten gefunden, sei es in der Tiefsee bei den unterirdischen Vulkanen oder in der Salzsäure in unserem Magen in Form des Heliobakter Bakteriums. Die Einzeller haben eine etwa zwei Milliarden Jahre längere Evolutionsgeschichte hinter sich als alle anderen höheren Lebewesen. Die Einzeller konnten nur deshalb überleben, weil sie aktiv auf die Umwelt reagieren und sich u.a. gegen Viren wehren konnten. Dies war in erster Linie notwendig, um sich zu ernähren und zu teilen, d.h., vermehren zu können. Und das alles ohne ein zentrales Nervensystem oder ein Gehirn. Man muss annehmen, dass die einzelne Zelle in unserem Körper diese generellen Eigenschaften nicht verloren hat, als sie sich den Regularien eines Zellverbundes unterwarf. Für die einzelne Zelle ist nun unser Körper die Umwelt und deshalb ist die Zelle sehr feinfühlig, wenn sich in ihrer

Umwelt – sprich, in unserem Körper - etwas verändert. Die Zelle wird von ihrer Umwelt im Körper informiert. Je besser sie informiert werden kann, weil sie immer mehr Informationen gezielt verstehen und verarbeiten kann, umso mehr Aufgaben kann sie in einem immer komplexer werdenden Organismus übernehmen.
Die Informiertheit der Zelle über ihre allernächste Umgebung ist somit die Voraussetzung für die Weiterentwicklung der Organismen! Je mehr Information eine Zelle verarbeiten kann, umso komplexer kann der Organismus werden.

Wir sind heute in der glücklichen Lage, dass die Analyse einer DNA schon mehr oder weniger automatisch erfolgt, d.h., dass wir über die DNA von zumindest entwicklungsgeschichtlich relevanten Tieren genauer Bescheid wissen und so deren Stammbaum und Verwandtschaft mit anderen Tieren bestimmen können.
Vergleichen wir die DNA von einem Fisch, einem Salamander, einer Maus oder einem Schimpansen, dann stellen wir fest, dass wir sehr viele gemeinsame Abschnitte an kodierender DNA mit diesen Tieren identisch haben. Mit einem Fisch, z.B. dem giftigen Fugu – Kugelfisch, haben wir ca. 75 % gemeinsam. Der Fugu - Fisch ist insofern interessant, weil er das Wirbeltier mit dem kleinsten Genom ist. Die hohe Übereinstimmung führt man auf einen gemeinsamen Vorfahren zurück, der vor ca. 400 Millionen Jahren gelebt hat. Der Salamander repräsentiert die Nachfolger der Knochenfische, die ebenfalls vor ca. 400 Millionen Jahren auftauchten. Auch mit dem Salamander haben wir ca. 80 % identische DNA. Insbesondere ist die Struktur des Salamander - Gehirns der unseres Gehirns fast identisch. Mit einer Maus haben wir ca. 95,5 % der DNA gemeinsam. Von den ca. 35000 Genen sind nur etwa 300 Maus bzw. Mensch spezifisch. Mit unserem nächsten Verwandten,

dem Schimpansen haben wir 98,5 % gemeinsam. Man muss feststellen, dass in der DNA zumindest rudimentär die Basisbaupläne aller unserer Vorfahren enthalten sind. Neben den direkt für den Aufbau eines Tieres notwendigen Abschnitten der DNA gibt es also noch sehr wichtige Abschnitte, die zusätzliche, ev. nützliche Programme enthalten. Dies ist ev. der Grund, warum manche Tiere oder Pflanzen mehr Chromosomen haben als wir. Darin spiegelt sich wahrscheinlich die Möglichkeit, dass diese Tiere oder Pflanzen ein höheres Potential haben, sich bei eventuellen Umweltkatastrophen besser und schneller anzupassen. Die Anzahl der Gene hat in erster Näherung nichts mit der Komplexität eines Tieres oder einer Pflanze zu tun. Es gibt z.B. ein Kraut – Arabidopsis thaliana – , das mehr Gene in seiner DNA besitzt als das menschliche Genom.

Wir müssen festhalten, dass die DNA zumindest die wichtigsten Teile der Entwicklungsgeschichte eines Tieres enthält. Unsere DNA enthält z.B. auch Gene, die uns einen Schwanz wachsen lassen könnten, wie bei einer Maus.

Aufgrund dieser Tatsache, dass die DNA die evolutionäre Entwicklung eines Lebewesens repräsentiert, also eine Art Gedächtnis über die Vorgeschichte des Lebewesens darstellt, ist es auch nicht verwunderlich, dass wir in der embryonalen Entwicklung diese wichtigsten Entwicklungsstadien nochmals durchmachen. Ebenso müsste man z.B. aus der DNA eines Huhns wieder einen Dinosaurier zurück züchten können. Bei unseren Rindern konnten wir auch die ausgestorbene Urform des Auerochsen wieder zurück züchten. Aus einem Huhn einen Dinosaurier zurück zu züchten, erfordert einen relativ großen Aufwand, wofür es z.Z. nicht die notwendigen Mittel gibt.

Aber bei ersten Versuchen konnte man bereits ein Huhn mit Zähnen und einem längeren Hinterteil züchten.

Was man dazu benötigen würde, wäre der Informationsplan, wann und wie lange welche Gene aktiv sein müssen.

Was wir daraus lernen, ist, dass die Natur, wenn eine große Umweltkatastrophe eintritt, bei allen überlebenden Tieren und Pflanzen den gesamten Genpool mobilisiert und versucht durch mehr oder weniger langes Aktivieren von Genen, durch Duplizieren von Genen oder Umbau, aus erprobten Komponenten ein neuartiges, aber überlebensfähiges Tier zu kreieren. Ein Beispiel dafür sind die bereits erwähnten Buntbarsche im Viktoriasee. Im Laufe der schwersten Auslöschungskatastrophen vor 250 Millionen Jahren und später vor 65 Millionen Jahren und auch noch nach mehreren kleineren Katastrophen war kein nennenswerter Artenverlust feststellbar. Wir finden auch nicht eine Menge von missgebildeten Skeletten, die vorhanden sein müssten, wenn die Natur nach solchen Katastrophen durch Probieren neue Lebewesen erschaffen würde. Im Gegenteil, wir finden gerade nach solchen Katastrophen eine Vielfalt an neuen Arten, die aber eines gemeinsam haben, dass sie wieder eine Stufe komplexer und damit flexibler und überlebensfähiger sind.

Die Ursachen für den Evolutionsschub im Kambrium waren, dass in der Zeit davor eine völlig neue Lebensform entstanden ist, nämlich die vielzelligen Organismen, die im Vergleich mit den bis dahin dominierenden Einzellern, ganz neue Fähigkeiten besaßen und so Ökonischen besetzen konnten, die für die primitiveren Einzeller nicht zugänglich waren. Ein Beispiel dazu ist, dass sich räuberische Vielzeller von Einzellern ernähren und somit höherwertigere Nahrung verwerten konnten. Nachdem sich die Baupläne der neuen, vielzelligen Organismen konsolidiert hatten und die Ökonischen besetzt waren, setzte eine Optimierungsphase ein, in der die Prinzipien der Stabilität und Nachhaltigkeit vorrangig waren. Die von der kambrischen Explosion angebotene Vielfalt an neuen Bauplänen für neuartige Organismen geriet in die Mühlen der natürlichen Selektion (z.B. Eiszeit). Viele Organismen verschwanden, andere dagegen durchliefen einen Optimierungsprozess, der zur Folge hatte, dass diese Organismen auch heute noch existieren. So spaltete sich die große Gruppe der Wirbeltiere in mehrere Zweige auf. Fische, Frösche, Eidechsen, Vögel und Säugetiere basieren alle auf einem gemeinsamen Grundbauplan, der im Kambrium entstanden ist. Wenn man die evolutionäre Entwicklung verfolgt, muss man den Eindruck gewinnen, dass die Natur aus der Vergangenheit lernen kann. Die Biochemie unserer Zellen ist praktisch so alt wie unser Planet, also ca. 4 Milliarden Jahre. Vor rund 2 Milliarden Jahren fand dann der Übergang von den kernlosen Einzellern zu den Einzellern mit Zellkern statt, der dann die Entwicklung mehrzelliger Organismen vor rund 1 Milliarde Jahren ermöglichte, indem die Zelle noch Membransysteme und Zellorganellen entwickelte. Vor rund 530 Millionen Jahren, also im Kambrium, entstanden dann die Baupläne für vielzellige Organismen, die ein zentrales Nervensystem und ein Skelett besaßen. Ca. 50 Millionen Jahre später waren dann die Urmeere bereits mit fischähnlichen Tieren bevölkert und weitere 100 Millionen Jahre später krochen die ersten amphibischen Tiere auf das Festland.

Eine Entwicklung, die auf bewährten Prinzipien aus der Vergangenheit basiert und etwas Neues, Komplexeres hervorbringt, wäre typisch für das Vorhandensein eines Gedächtnisses.

Ein Gedächtnis, das durch die DNA repräsentiert sein könnte und nicht nur fertige Programme für körperliche

Komponenten z.B. Augen enthält, sondern auch strategische Programme für Vorgehensweisen in einer Notsituation. Also z.B. das Verdoppeln von Genen bzw. die längere oder kürzere Aktivierung von Genen. Vorgehensweisen, die sich in der Vergangenheit bewährt haben, in dem Sinne, dass dabei immer überlebensfähige Lebewesen entstanden sind.

Es ist nun interessant, dass wir in der Informationstheorie auch simulieren können, wie man mit einfachen Regeln zu einer mehr oder weniger hohen Komplexität kommen kann. Es sei hier nur kurz darauf hingewiesen, dass z.B. der Physiker und Mathematiker Stephen Wolfram in seinem Buch „A New Kind of Science" darlegt, wie zunehmende Komplexität in einem deterministisch-algorithmischen Universum entstehen kann. Durch die Wiederholung einfacher Regeln, sogenannte Automatenregeln, können Muster entstehen, die weder regelmäßig noch vollständig chaotisch sind. Die Muster enthalten eine gewisse Ordnung, sind aber nicht vorhersehbar. Beispiele dafür sind u.a. die Pigmentierungsmuster bei Tieren oder die Form und Muster bei Muscheln. Mit diesen Analysen weist Wolfram nach, dass komplexen Phänomenen nicht unbedingt komplexe Vorgänge zugrunde liegen müssen. Diese einfachen Regeln haben den Nachteil, dass sie nach Erreichen eines bestimmten Grades an Komplexität stagnieren. Um noch höhere Komplexität zu erreichen, muss man diese Regeln einem Wettbewerb aussetzen. So wie es z.B. in der Natur geschieht, wenn in der Eizelle der männliche mit dem weiblichen Chromosomensatz verschmilzt und so zwei leicht verschiedene Regelwerke aufeinandertreffen.

Bemerkung: *Ein analytischer Ansatz ist z.B. eine mathematische Formel, eine Gesetzmäßigkeit. Mit dieser Formel kann man schnell einen zukünftigen*

Zustand ermitteln, ohne alle dazwischenliegenden Zustände betrachten zu müssen.
Ein berechenbarer, algorithmischer Ansatz erfordert das Berechnen aller Zwischenzustände, da das Ergebnis der Zwischenzustände für den Ansatz des nächsten Rechenschrittes benötigt wird. In der Realität bedeutet dies, dass sich manche Fragen nicht schneller beantworten lassen als die Dinge passieren. Das Ergebnis dabei muss auch nicht 100 % exakt sein, es kann auch nur einen Zielbereich abstecken.

Zum Schluss dieses Kapitels möchte ich etwas genauer auf den genetischen Unterschied zwischen Primaten und Mensch eingehen.

3.3 Der Einfluss der Umwelt auf die Vererbung

Vor etwa 100 Millionen Jahren gab es einen Schub in der Artenvermehrung der Säugetiere, eventuell ausgelöst durch eine Erderwärmung in der Kreidezeit. Vor ca. 30 Millionen Jahren kam es dann zu einer größeren Verzweigung der Säugetierspezies. Es trennten sich die Menschaffen, Nagetiere und Hunde. Was die Menschenaffen tatsächlich zu Menschenaffen werden ließ, war die Zunahme von Genen des Gehirns bei gleichzeitiger Abnahme der Anzahl der Gene für den Geruchssinn. Weiter ist interessant, dass die Gene, die durch Duplikation neu entstanden sind, auch eine höhere, punktuelle Mutationsrate aufweisen. Insgesamt nahm das Genom der Primaten bei dieser Umstrukturierung um ca. 15 % zu.
Die Trennung der Schimpansen und Bonobos von den Vorfahren des Menschen wird aufgrund neuerer Ergebnisse auf ca. 9 Millionen Jahre vor unserer Zeit geschätzt. Das menschliche Genom zeigt die Spuren

von weiteren Umbaumaßnahmen durch die Transpositionselemente, die spezifisch nur den Menschen betrafen und vor ca. 3 Millionen Jahren abgeschlossen waren.
Vergleicht man das Genom von Mensch und Bonobo bzgl. der in beiden Spezies vorhandenen Gene, so zeigt sich eine 98,7 % Übereinstimmung der kodierenden DNA Sequenzen. Der Unterschied zwischen Affe und Mensch kann jedoch nicht auf diese 1,3 % Unterschied zurückgeführt werden, wobei dieser Unterschied durch etwa 35 Millionen Punktmutationen verursacht wird. Der Unterschied beruht vielmehr auf dem unterschiedlichen Umbau der genomischen Struktur in den Bereichen der Transpositionselemente, der zu etwa 5 Millionen Änderungen im Vergleich zur anderen Art geführt hat. Die Unterschiede sind entweder Verlust oder Zuwachs an genetischem Material. Das Genom des Menschen besitzt 20 neue Genfamilien, die der Schimpanse nicht hat, gegenüber nur zwei die der Schimpanse, aber nicht der Mensch hat. Der Genzuwachs beim Menschen betrifft insbesondere das Gehirn, sowie die Sinnesorgane und das Immunsystem.
Aber auch das Genom der Menschen untereinander zeigt Unterschiede (0,01 %). Im menschlichen Genom lassen sich ca. 3600 Orte finden, an denen die einzelnen Menschen eine unterschiedliche Häufigkeit ein und desselben Genabschnitts besitzen, d.h., es gibt Menschen, die haben diesen Genabschnitt gar nicht oder sie haben ihn mehrfach. Ich habe dies bereits erwähnt, als es um die Anfälligkeit für das HI - Virus ging. Gene sind aufgrund zahlloser Informationen über unsere Sinnesorgane, inklusive auch einer Zuordnung von Bedeutung durch unser Gehirn, in der Lage, auf Änderungen in der Umwelt des Lebewesens zu reagieren. Dies geschieht nicht durch zufällige Ereignisse, wie z.B. Mutationen, sondern durch

Aktionspläne zum Umbau des Genoms, die im Genom selbst enthalten sind. Es wird dabei ein informatorisches Grundprinzip sichtbar, das auf Kommunikation, Kooperation und Kreativität beruht.
Dazu möchte ich einige Beispiele schildern, bei denen die Zelle das Prinzip der Methylierung, d.h., das Anheften einer CH_3-Gruppe an ein Gen einsetzt, um dieses Gen zu blockieren bzw. durch Entfernen der Methylgruppe das Gen zu aktivieren. Stammzellen sind Zellen, die von den umgebenden Zellen bestimmte chemische Signale empfangen und so sich zu jedem beliebigen Zelltyp spezialisieren lassen, also z.B. zu einer Nerven-, Muskel-, Haut- oder Leber-Zelle. Im frühen Embryonalstadium sind die Zellen noch nicht spezialisiert. Ihre DNA ist relativ arm an Methylgruppen, d.h., viele Gene können aktiviert werden. Vor der Einnistung des Embryos in die Uterus Schleimhaut findet eine Demethylierung der DNA statt, bei der die meisten, von den Eltern geerbten Methylgruppen entfernt werden. Nach der Einnistung in die Uterus Schleimhaut baut sich ein eigenes Methylmuster auf, das beim Menschen nach der 9ten Schwangerschaftswoche bereits dem Muster einer erwachsenen Zelle entspricht. Diese Methylierungsphase ist dazu da, dass die, während der frühen Entwicklungsphase von Embryo und Fötus, gesammelte Information nicht verloren geht. Die Blockade bzw. Aktivierung eines Gens durch An- oder Abhängen einer Methylgruppe ist später dann das Werkzeug der Zelle, um die Bauanleitung für ein gewisses Protein zu aktivieren oder zu blockieren. Da dieser Vorgang durch Umwelteinflüsse ausgelöst werden kann – siehe das früher beschriebene Beispiel der Menschen von Överkalix oder der Kängurus -, spricht man auch von einer epigenetischen Programmierung.
Eineiige Zwillinge können sich trotz identischer DNA Sequenz in vielen Merkmalen unterscheiden, etwa in der

Körpergröße oder dem Risiko an multipler Sklerose oder Brustkrebs zu erkranken. Die epigenetischen Unterschiede nehmen – wie nicht anders zu erwarten - auch mit zunehmendem Lebensalter der Zwillinge zu.

In der Zwischenzeit haben die Wissenschaftler eine Menge an Beispielen erforscht, bei denen Umwelteinflüsse eine Auswirkung auf einen lebenden Organismus haben.

Bei den Krokodileiern entscheidet die Temperatur, ob ein weibliches oder männliches Krokodil schlüpft. Bei den Bienen entscheidet das Futter, ob eine normale Arbeitsbiene entsteht oder eine Königin. Beide Tierformen entstehen aus dem gleichen Genom. Die Arbeiterinnen und die zukünftigen Königinnen werden zunächst mit Honig und Pollen gefüttert. Nach einer gewissen Zeit werden die Larven der zukünftigen Königinnen auf eine Diät, einem Kopfdrüsensekret der Ammenbienen umgestellt (Gelee Royal), das zu einem Drittel aus Zucker und zu zwei Drittel aus Wasser besteht. Der Unterschied zwischen den beiden Ernährungsweisen besteht darin, dass das Gelee Royal die Methylierung der Gene, die für die Entwicklung u.a. der Eierstöcke zuständig sind, verhindert, so dass ein geschlechtsfähiges Weibchen entsteht. Die Honignahrung bei den Larven der zukünftigen Arbeiterinnen blockiert dagegen diese Gene durch Methylierung. Zu beachten ist dabei, dass es für diesen Effekt nur ein bestimmtes Zeitfenster gibt. Dieses Zeitfenster ist auch bei Rattenbabys zu beobachten, die während einer bestimmten Entwicklungsphase mütterliche Zuneigung in Form von Lecken und Putzen erfahren müssen, um später zu mutigen, stressresistenten Ratten heranzuwachsen.

Ein weiteres Beispiel, das bei der Evolution eine große Rolle gespielt haben könnte, ist der Einfluss von Hell und Dunkel. Leberzellen reagieren auf Licht in der Form,

dass sie sich bei Lichteinstrahlung nicht mehr teilen. Sobald aber das Licht ausgeschaltet wird, beginnt wieder die Zellteilung. Chemisch wird dieser Effekt dieses Mal nicht durch eine Methylierung eines Gens verursacht – die Methylierung ließe sich auch nicht so schnell ein- und ausschalten -, sondern durch Modifikation von sogenannten Histonen. Die Histone sind spezielle Proteine im Zellkern, die als Bestandteil des Chromatins (Chromatin ist das Material aus dem die Chromosomen bestehen, also DNA in Verbindung mit speziellen Proteinen) für die Verpackung der DNA zuständig sind. Man hat jetzt herausgefunden, dass sich die Histone durch Licht (Euchromatin) oder in Dunkelheit (Heterochromatin) chemisch verändern, wodurch das für die Zellteilung zuständige Gen aktiviert bzw. blockiert wird.
Wir lernen daraus, dass die Zelle eine ganze Palette von Möglichkeiten besitzt, um auf Einflüsse von außen zu reagieren, ohne dass dabei die kodierende DNA einbezogen werden muss.
Die Zelle ist informiert und reagiert gezielt!
Wird die DNA mit ins Geschehen involviert, dann handelt es sich um fundamentalere Eingriffe wie z.B. männlich – weiblich. Auch in diesem Fall werden zwar die wesentlichen Unterschiede durch die Kombination von XY oder XX Chromosomen verursacht, aber die ganze Palette von weiteren Unterschieden, wie z.B. die stärkere Vernetzung der beiden Gehirnhälften bei der Frau, mehr Muskeln beim Mann etc. wird durch unterschiedliche Hormonpegel verursacht.
Bereits die kleine Zelle ist also in der Lage Informationen aus der Umwelt zu registrieren und in chemische Abläufe umzusetzen mit dem Ziel, den durch äußere Umstände verursachten Stress abzubauen. Dabei kann die Zelle unterscheiden, ob es sich um einen regelmäßig wiederkehrenden Einfluss handelt (siehe Leberzelle),

oder ob es sich um eine grundlegende, lebensbedrohliche Situation handelt.
Daraus folgt aber die fundamentale Erkenntnis, dass die Zelle bereits eine Art Bewertung von Information vornehmen kann und eine angemessene Reaktion veranlasst.
Wir haben jetzt genügend Fakten gesammelt, um das evolutionäre Geschehen global zu betrachten. Dabei geht es um die Tatsache, dass wir den Eindruck haben, dass die Entwicklung zielgerichtet zu immer höherer Komplexität hin erfolgt.
Was wir nicht sofort sehen und deshalb nicht bedenken, ist die Tatsache, dass der Trend zu immer höherer Komplexität nur dann möglich ist, wenn bereits auf molekularer Ebene die Möglichkeiten dafür geschaffen wurden. Große Moleküle, z.B. die RNA haben gelernt sich zu vermehren, sie haben sich weiter optimiert, indem sie mit anderen RNA Molekülen unterschiedliche Molekülsequenzen ausgetauscht oder integriert haben (horizontaler Genaustausch). Es häufte sich eine Menge an Informationen an, von denen einige sich als fundamental erwiesen, in dem Sinne, dass diese Informationen immer wieder in exakt derselben Güte benötigt wurden. Diese Informationen wurden quasi auf eine Festplatte kopiert, in Form der DNA. Weitere Umwelteinflüsse, z.B. das Auftauchen von Sauerstoff in der Atmosphäre, war ein Gift für die bis dahin lebenden Einzeller. Dieser Umwelteinfluss bewirkte die Entwicklung einer Haut für die Zelle, eine Haut - auch Membran genannt – die eine Einbahnstraße für bestimmte Ionen darstellt. Es war der Beginn eines einfachen Stoffwechsels mit dem Vorteil, dass man den Sauerstoff als Energiequelle nutzen konnte.
Physikalisch ausgedrückt kann man den Trend feststellen, dass immer ergiebigere Energiequellen erschlossen wurden, die es dem lebenden

Organismus erlaubten, sich immer weiter weg vom thermodynamischen Gleichgewicht zu entwickeln. D.h. die Organismen haben das Mehr an Energie zu einem großen Teil dazu verwendet, mehr Information über sich und ihre Umwelt zu erkennen und zu verarbeiten.

Die ersten Lebewesen waren einfache Bakterien ohne Zellkern und Zellmembran. Sie kamen ohne Sauerstoff aus. Ihre Energie bezogen sie, indem sie Kohlendioxid (CO_2) und Wasserstoff (H_2) aus der damaligen Atmosphäre zu Methan (CH_4) "verbrannten". Etwas später tauchten einfache Prokaryoten auf, die bereits eine Art Photosynthese beherrschten. Diese spalteten das Methan wieder auf und erzeugten so wieder Wasserstoff. Auf diese Art hat sich die Uratmosphäre über mehr als eine Milliarde Jahre selbst immer wieder regeneriert. Die Photosynthese, basierend auf sichtbarem Licht, ist ein Prozess, der genau auf die Verhältnisse auf der Erde angepasst ist. Das sichtbare Licht ist nämlich der Wellenlängenbereich (Energiebereich) an elektromagnetischer Strahlung der Sonne, der mit der höchsten Intensität auf der Erde ankommt. Bei der Photosynthese geben ein oder zwei Photonen (Lichtquanten) ihre Energie an ein Elektron ab, das die so erhaltene Energie in eine biochemische Reaktion investiert, damit ein energiereicheres, größeres Molekül entstehen kann. Die Energie, die für solch eine Reaktion benötigt wird, liegt genau in dem Energiebereich des sichtbaren Lichts. Auch unser Auge ist auf diesen Wellenlängenbereich (Energiebereich) spezialisiert.

Später, als sich die Ozeane bildeten, wurden diese von etwas fortschrittlicheren Prokaryoten bevölkert, die bereits die Photosynthese beherrschten. Diese Prokaryoten konnten Kohlendioxid zusammen mit

Wasser zu Kohlehydraten verbinden, wobei nun Sauerstoff als Abfallprodukt entstand!
Das war die Situation ca. eine Milliarde Jahre nach Entstehung der Erde. Es war eine Phase, in der sich aus einfachen, organischen Molekülen einfache Einzeller entwickelten, die die Photosynthese mit Sauerstoff beherrschten und die in ihrem Inneren bereits komplizierte, chemische Abläufe steuerten, um damit auf ihre Umgebung reagieren zu können.
In den folgenden zwei Milliarden Jahren passierte bzgl. der Weiterentwicklung der Einzeller relativ wenig. Es herrschten stabile Verhältnisse auf der Erde, es gab keinen großen Druck aus der Umgebung. Es gab aber einen schleichenden Druck, derart, dass sich immer mehr Sauerstoff – also ein Gift für die Prokaryoten – in der Atmosphäre anreicherte. Die Anreicherung mit freiem Sauerstoff ging anfangs deshalb langsam, weil der durch die Photosynthese erzeugte Sauerstoff sofort mit den reinen Elementen auf der Erdoberfläche reagierte. So wurde Eisen zu dem roten Eisenoxid (Rost, Fe_2O_3) und Silizium zu (Quarz)-Sand oxidiert. Erst als die Erdoberfläche mit Oxiden gesättigt war, reicherte sich die Atmosphäre mit Sauerstoff an. Damit begann das Ende der Ära der Prokaryoten. Sie reagierten auf die veränderten Umweltbedingungen, indem sie eine dickere Haut entwickelten, oder sie überlebten in Gebieten in denen es keinen Sauerstoff gab. Dort, auf dem Meeresgrund, wo noch vulkanische Tätigkeit herrscht, finden wir sie heute noch. Aus der dickeren Haut entwickelte sich eine intelligente Haut, eine Membran, die einen Stoffwechsel mit der Außenwelt ermöglichte, aber gleichzeitig das Innere der Zelle vor dem Sauerstoff schützte. Im Inneren der Zelle entstand der Zellkern und damit war der eukaryotische Zelltyp geboren. Diese Zellen konnten nun mit Sauerstoff atmen und sie waren

auch die Voraussetzung für die Entstehung von mehrzelligen Organismen.
Was war mit dieser Entwicklung gewonnen?
Durch die neue Funktion der Atmung konnte die im Zuckermolekül gespeicherte Energie um den Faktor 15 besser ausgenutzt werden, weil zusammen mit Sauerstoff nun andere Reaktionsabläufe möglich waren. Der Sauerstoff verursachte aber gleichzeitig noch einen ganz anderen Effekt. Sein Molekül Ozon (O_3) schützt die immer empfindlicher werdenden Moleküle vor der UV-Strahlung, also kurzwelligem Licht, das energiereicher ist als das sichtbare Licht und das bei uns heute den Sonnenbrand verursacht. Auf der Erde herrschten weiterhin lange, stabile Phasen. Die Temperatur war optimal für die Entstehung weiterer, größerer Vielzeller. Der gefährliche Anteil der Sonnenstrahlung wurde vom Ozon abgehalten. Die Partikelstrahlung der Sonne wurde vom Erdmagnetfeld abgeschirmt und der Jupiter schützte die Erde vor allzu vielen Meteoriteneinschlägen.
Die Einzeller vermehrten sich durch Zellteilung, ein Vorgang bei dem immer eine identische Tochterzelle entsteht. Die Urzelle war praktisch unsterblich. Die Vermehrung war zu diesen Zeiten praktisch nur durch das Nahrungsangebot, sprich durch das Energieangebot, begrenzt.
Jetzt passierte wieder etwas ganz Neues. Es entwickelten sich Schmarotzer, also Zellen, die die nun überflüssig werdenden, prokaryotischen Zellen bzw. organische Reste, fraßen. Damit entstand wieder Platz im Ökosystem. Der Energiegewinn durch das Fressen von hochwertigem Eiweiß war höher als der durch die Photosynthese.
Dieser Trend hält bis heute an, denn der Mensch ist auch deshalb an der Spitze der Nahrungskette, weil er es verstanden hat, sich die besten Nahrungsquellen zu

erschließen. Die Entwicklung ging diesen Weg konsequent weiter. Die Lebewesen wurden immer effektiver bei der Beschaffung von höherwertiger Nahrung.

Betrachtet man nun einen Dinosaurier im Vergleich zu einer Maus, einem Hund oder auch zu einem Menschen, dann ist physiologisch kein großer Unterschied in der Komplexität der Körper. Dies spiegelt sich auch in unserer DNA wieder, die auch nicht, wie wir bereits früher gehört haben, größer oder komplexer ist als bei einem Affen.

Wir können feststellen, dass sich nach einer Phase der Innovationen immer eine Zeit für die Optimierung/Stabilisierung einstellt. In dieser Phase organisieren sich die chemischen Abläufe in der Zelle derart, dass sie sicher und effektiv, d.h. mit möglichst geringem Energieaufwand, ablaufen. Ist dies geschehen, dann hat man den Eindruck, dass die Zelle damit nicht mehr zufrieden ist und sich nach noch mehr Energieaufnahme orientiert. Dies ist nur möglich, wenn die chemischen Abläufe in der Zelle noch komplexer werden. D.h., die Zunahme der Komplexität und damit der Menge an Information, die wir bei der Entwicklung der Arten beobachten, wird begleitet von einer Zunahme der Kooperation und Komplexität der chemischen Abläufe in der Zelle. Wahrscheinlich geht diese Entwicklung in der Zelle sogar voraus.

Jetzt haben wir gelernt, dass die Komplexität einer Maus und eines Menschen, im Hinblick auf ihre DNA, relativ gleich hoch ist. Was verursacht beim Menschen den Unterschied? Der Zuwachs an Komplexität beim Menschen wird einmal durch informationsreichere Aktivierungsprogramme der Gene, z.B. im Vergleich zu einem Schimpansen, erreicht und durch das soziale Umfeld des Menschen. Dem Informationsaustausch mit seiner Außenwelt kommt dabei eine immer größer werdende Rolle zu. Der Mensch entwickelt seine eigene, kulturelle Evolution. Der Mensch entwickelte die Sprache, die Schrift, Werkzeuge, Bewusstsein und ein soziales Gefüge, das es ihm erlaubte, immer mehr Ressourcen, z.B. durch Ackerbau, zu erschließen. Es war eine Entwicklung, die sich aus einem Zusammenleben (Kooperation) von Individuen ergab, die u.a. durch Arbeitsteilung und Informationsaustausch ein Mehr an Energiegewinn und ein Mehr an Komplexität und Effektivität erzielte.

Die Idee, durch das Zusammenwirken mehrerer Lebewesen einen weiteren Energiegewinn zu erzielen, war eine generelle Möglichkeit und war deshalb nicht auf die Menschen beschränkt. Denken wir nur an die Insektenstaaten. Die einzelne Ameise ist dumm. Aber im Verbund mit vielen ihrer Artgenossen kann ein Ameisenstaat auch hoch intelligent handeln. Im Gegensatz zum Menschen, bei dessen sozialen Einheiten (z.B. Staat) Individuen eigenverantwortlich zusammenarbeiten, hat die einzelne Ameise keinen eigenen Entscheidungsbereich. Ein Ameisenstaat funktioniert wie unser Organismus. Auch unser Organismus hat verschiedene Zelltypen entwickelt, die spezielle Aufgaben erledigen. Da diese Zellen nur eine bestimmte Lebensdauer haben, müssen sie ständig erneuert werden. Das Wesentliche dabei ist, dass die Information, die diese Zellen enthielten, nicht verloren geht. Auch hier stoßen wir wieder auf die Information als das Wesentliche. Es muss eine nicht programmierte Zelle (Stammzelle) z.B. zu einer Hautzelle programmiert werden. Die einzelne, spezialisierte Zelle entspricht praktisch einer Ameise. So wie unsere Zellen ständig ausgetauscht werden, können auch die einzelnen Ameisen ständig erneuert werden, ohne dass der Organismus/Staat darunter leidet. Welches Organisationprinzip letztlich überleben wird, ist noch

nicht entschieden. Tatsache ist, dass es die Ameisenstaaten schon seit etlichen Millionen Jahren gibt.
Zum Schluss dieses Kapitels möchte ich noch eine Bemerkung machen bzgl. der Existenz von intelligentem Leben im Kosmos.

3.4 Bemerkung zu außerirdischem Leben

Wir haben gelernt, dass für die Entstehung von intelligentem, bewusstem Leben eine Menge Voraussetzungen zu erfüllen sind. Dies beginnt schon damit, dass schwerere Elemente benötigt werden, die erst in Sternen erbrütet werden müssen. Dann benötigt man noch einen Planeten, auf dem über lange Zeit stabile Bedingungen herrschen, die Temperaturen moderat sind und die kosmische Strahlung nicht zu intensiv ist. Das alles ist eine große Einschränkung, aber bei den Billionen von Planeten, die es im Kosmos gibt, sind sicher etliche, vielleicht sogar Millionen dabei, für die die geforderten Bedingungen zutreffen. Bereits heute kennen wir Tausende von Planeten außerhalb unseres Sonnensystems. Mit dem Weltraumteleskop Kepler wurde in jüngster Zeit gezielt nach Planeten außerhalb unseres Sonnensystems gesucht. Es wurde in unserer Milchstraße nach roten Zwergsonnen mit Planeten gesucht. Rote Zwerge sind der häufigste Sternentyp in unserer Galaxis. Drei von vier Sternen sind rote Zwerge. Typische rote Zwerge haben etwa 10 % (max. 60 %) unserer Sonnen Masse und 15 % des Sonnenradius.
Die Sonde Kepler hat 158000 Sterne dieses Typs ins Visier genommen. Die Auswertung ergab, dass von den 158000 erfassten roten Zwergen 95 Planeten besaßen, wobei drei etwa so groß sind wie die Erde und eine Temperatur besitzen, die flüssiges Wasser ermöglicht. Eine Hochrechnung ergab, dass etwa 6 % der roten

Zwerge erdähnliche Planeten besitzen. Das ergibt allein in unserer Galaxis etwa 4,5 Milliarden erdähnliche Planeten. Der nächste ist „nur" 13 Lichtjahre von uns entfernt. Bedenkt man, dass es Billionen von Galaxien im Kosmos gibt, dann steht der Natur ein riesiges Experimentierpotential zur Verfügung, um alle Elemente unter den verschiedensten Bedingungen zu komplexen Molekülen zu kombinieren.

Allein diese große Zahl an Planeten lässt es plausibel erscheinen, dass wir nicht die einzige, intelligente Spezies im Weltall sind. Die Natur experimentiert billionenfach mit einfachen Atomen (hauptsächlich Wasserstoff und Helium) bei hohen Temperaturen in Sternen oder bei sehr tiefen Temperaturen in den intergalaktischen Gaswolken. Mit Teleskopen und Satelliten können wir diesen "Versuchen" der Natur zuschauen. Ähnlich viele Kombinationen auf komplexer Basis, d.h., bei moderaten Temperaturen und mit allen natürlichen Elementen, finden auf den Planeten statt. Diese "Versuche" können wir von der Erde aus nicht so leicht beobachten, denn die Planeten senden kein Licht aus, das wir analysieren könnten. Wir Menschen sind ein Produkt dieser "Küche" auf einem der vielen Planeten.

Nehmen wir an, es gäbe eine zweite Erde. Würde auf dieser Erde sich das Leben in identischer Weise entwickelt haben wie bei uns? Gäbe es praktisch irgendwo noch andere Menschen? Die Wahrscheinlichkeit ist sehr gering. Warum?

Wir haben gelernt, dass es auch auf unserer, so wohl behüteten Erde gewaltige Naturkatastrophen gab. Diese Katastrophen, die sich zeitlich zu einem willkürlichen Zeitpunkt ereigneten, trafen das sich auf der Erde entwickelnde Leben in einer bestimmten Entwicklungsphase, woraus sich die geschilderten Evolutionsschübe ergaben. Wäre die Katastrophe zu einem anderen Zeitpunkt eingetreten, hätten sich eventuell ganz andere Lebewesen auf unserer Erde entwickelt. Es ist praktisch unmöglich anzunehmen, dass auf einer Tochtererde das dortige Leben im gleichen Entwicklungsstadium von einer vergleichbaren Katastrophe heimgesucht worden wäre. Deshalb wird es sehr wahrscheinlich keine zweite Menschenrasse geben, aber sehr wahrscheinlich intelligente Wesen. Was man aber sagen kann, ist, dass diese intelligenten Individuen einen irgendwie symmetrischen Körperbau, der für die Fortbewegung notwendig ist, haben werden. Auch ihre Größe wird durch die Tragfähigkeit der Knochen bestimmt. Natürlich werden u.a. die Schwerkraft, Dichte der Atmosphäre, hell-dunkel Zyklen und Strahlenbelastung einen wesentlichen Einfluss auf das Aussehen und auf die Lebensgewohnheiten dieser Individuen haben. Vielleicht leben sie im Wasser oder „schwimmen" in der Luft, wenn der Luftdruck viel höher ist als auf unserer Erde.

Aber aufgrund ihrer Intelligenz werden sie ebenfalls Informationen mit Bedeutung generieren, die ebenfalls zur Vermehrung der Informationsenergie beitragen.

3.5 Zusammenfassung

Biologische Systeme sind mehr als die Summe ihrer Einzelteile. Lebende Systeme zeichnen sich durch fortwährende, molekulare Kooperation und Kommunikation aus.

Zur Entstehung von Leben mussten erst Nukleotide entstehen, die sich zu Kettenmolekülen (RNA) aus Aminosäuren organisierten, aus denen sich dann wiederum die Peptide (kleines Protein, das aus der Verknüpfung mehrerer Aminosäuren entstanden ist) bildeten. Sind mehr als ca. 100 Aminosäuren miteinander verknüpft, dann bezeichnet man das Molekül als Protein.

Alles Leben auf dieser Erde stammt von einer Art Urzelle ab!
Die DNA entwickelte sich etwas später aus der RNA-Chemie. Die Gene waren dabei wie Vagabunden, denn sie wechselten zwischen den Urzellen hin und her (horizontaler Genaustausch). Gene sind autonom und werden vom Organismus und der Zelle kontrolliert.
Die Zelle besitzt die Fähigkeit, u.a. durch Anheften von kleinen Methylgruppen ($-CH_3$) an die DNA, oder durch Veränderung von Histonen, die nachgeschalteten Gene zu blockieren oder zu aktivieren. Diese Reaktionen können durch Umweltfaktoren ausgelöst, aber auch wieder rückgängig gemacht werden. Eine Anzahl von kleinen RNA Molekülen kann die Funktion von Genen auf verschiedene Art unterbinden. Die Aktivität dieser RNA Moleküle wird dabei wieder durch Erlebnisse des Lebewesens oder durch Umwelteinflüsse gesteuert.
Durch Hintereinanderschalten von Genen entstand der kodierende Teil der DNA, der den Körperbauplan repräsentiert. Die fundamentalen Körperbaupläne entstanden in einem Evolutionsschub vor ca. 550 Millionen Jahren und blieben bis heute unverändert.
Die DNA ist kein statisches System, sondern sie kann sich mittels ihrer Transpositionselemente umstrukturieren. Die Aktivität dieser kreativen DNA Abschnitte wird von der Zelle kontrolliert.
Massive Einflüsse aus der Umwelt können die Zelle zur Umstrukturierung der DNA veranlassen. Unser Immunsystem ist dafür ein Beispiel. Auch kann sich das Immunsystem an etwas früher Erlerntes erinnern.
Die Entstehung neuer Spezies beruht auf Entwicklungsschüben des Genoms, die primär durch massive Aktivierung der Transpositionselemente zustande kommen. Punktuelle Mutationen, die in den neu gebildete Gensequenzen auftreten, werden bevorzugt nicht repariert, sind aber von sekundärer

Bedeutung, da sie nicht den prinzipiellen Körperbau, z.B. Blutkreislauf, Körpersymmetrien, betreffen.

Das Verhalten von lebenden Systemen orientiert sich ausschließlich an den Signalen (=Informationen), die die Organismen oder die Zellen wahrnehmen. Lebende Systeme sind auf allen Ebenen des Organismus auf gegenseitige Kommunikation und Kooperation angewiesen. **Diese Kommunikation ist eine Information, die in chemische Abläufe übersetzt wird**. Das setzt voraus, dass die Zellen Informationen empfangen und „verstehen" können, um eine Reaktion zu aktivieren, die dem Organismus hilft, eine Situation zu bewältigen. Ich möchte dies als **interne Informiertheit** bezeichnen.

Im Gegensatz dazu gibt es physikalische und chemische Prozesse, die zwar auf einen Organismus einwirken, aber keine weiterführende Reaktion bewirken, da der Organismus für diese Art von Informationen nicht sensibilisiert ist. Die Zelle kann diesen Prozessen keine **Bedeutung** zuordnen. So kann radioaktive Strahlung einen Organismus zwar zerstören, aber nicht sein Verhalten ändern.

Wenn dagegen ein guter Arzt uns ein Medikament (auch wenn es ein Placebo ist) verschreibt und uns dessen Wirkung erläutert, so haben wir bewusst eine Information aufgenommen, die wiederum eine Wirkung in unserem Organismus auslöst.

Die Entwicklung von immer komplexeren Organismen wird getrieben von der Möglichkeit, immer mehr oder effektivere Energiequellen zu erschließen, was mit einer immer besseren Informiertheit und Kooperation über/mit der Umgebung einhergeht.

Die Komplexität von Maus und Mensch ist, bezogen auf die chemischen Abläufe in der Zelle, ziemlich identisch. Die Zunahme der Komplexität beim Menschen fand zuerst im Gehirn statt. Wir konnten **mehr Information**

über uns selbst und über unsere Position in der Sippe erlangen. Später kam ein zusätzlicher **Informationszuwachs außerhalb des Individuums** dazu, in Form einer von uns selbst organisierten, kulturellen Evolution.
Aus der geschilderten Entwicklung des Lebens auf unserer Erde ist ganz klar die Tatsache zu erkennen, dass die zunehmende Komplexität des Lebens immer mit einer Zunahme des **Informationsaustausches** innerhalb des Organismus und mit seiner Umgebung verbunden war. Dies ermöglichte die Erschließung von weiteren, effektiveren Energiequellen. Das Leben entfernt sich immer mehr vom thermodynamischen Gleichgewicht, indem es den materiellen Energiequellen (z.B. Sonne) aufgrund von **mehr Wissen (Informiertheit) immer mehr Energie entziehen kann**

4 Die Evolution der Intelligenz /21/

Zitat eines Indianers aus Amazonien: Tiere sind ebenfalls Menschen in ihrer Welt!

Unsere westlich, christlich orientierte Kultur war über zwei Jahrtausende geprägt von der Vorstellung, dass es zwischen Mensch und Tier einen prinzipiellen, qualitativen Unterschied gibt.
Der Unterschied resultiert daraus, dass Gott uns nicht nur nach seinem Ebenbild geschaffen hat, sondern dass er uns auch seinen unsterblichen Odem eingehaucht hat, der uns dann, in Form unserer unsterblichen Seele, nach unserem Tod wieder verlässt. Aufgrund dieses göttlichen Odems haben nur wir ein Bewusstsein und nur wir haben Zugang zu dem, was wir als Geist bezeichnen. Nur wir sind uns unserer Endlichkeit bewusst, nur wir wissen, dass es einen Gott gibt, den wir verehren und dem wir Opfer darbringen, um ihn somit

auch zu „beeinflussen". Nur wir können uns ein Bild von der Welt machen, nur wir können abstrahieren, nur wir benützen Symbole, nur wir erkennen die Genialität der Schöpfung. Aus diesem Grund stehen wir über der Natur mit ihren Tieren. Nur wir haben den Auftrag bekommen, uns die Erde untertan zu machen.

Um zu zeigen was den Tieren fehlt, benutzte Descartes das Wort esprit, das sowohl Verstand als auch Geist bedeutet. Obwohl Descartes ein Leben lang für die Befreiung des Wissens aus der Vormundschaft der Kirche kämpfte und der Begründer des wissenschaftlichen Rationalismus war, war er überzeugt, dass nur wir Menschen eine Seele haben und dass nur wir, im Gegensatz zu den Tieren, Schmerz empfinden. Deshalb war Descartes auch einer der ersten, der das Zerschneiden lebender Tiere (Vivisektion) betrieb.

Die buddhistisch, hinduistischen Religionen kennen diesen Klassenunterschied nicht. Der Mensch, wie das Tier oder die Pflanzen sind alle das Produkt einer Schöpfung. Durch die Vorstellung der Wiedergeburt wird dann zusätzlich noch der Unterschied zwischen Mensch und Tier bzw. Pflanzen verwischt. In allem Lebendigen, und da zähle ich auch die Pflanzen dazu, steckt der göttliche Odem.

Aus dem eben Gesagten folgt zwangsläufig, dass sich bevorzugt Forscher asiatischer Nationen mit dem Thema Intelligenz bei Pflanzen und Tieren befassen.

Ich möchte im Folgenden Beispiele beschreiben, die zeigen, dass Intelligenz – was immer man darunter genau verstehen will - nicht ein Privileg des Menschen ist, sondern dass sich parallel zur Evolution der körperlichen Komplexität auch die "Intelligenz" weiter entwickelt hat bis hin zu einem Ich und zu einem reflektierenden Bewusstsein.

4.1 Was ist Intelligenz?

Ein Indianer in Amazonien meint: „Tiere machen Pläne, wie sie ihren Lebensunterhalt im Wald finden können und treffen Entscheidungen, wohin sie sich tagsüber wenden und wo sie die Nacht verbringen werden. Tiere haben ihre eigene Welt. Sie sind ebenfalls Menschen in ihrer Welt. Wir Menschen sehen nur Wesen, die wie Tiere aussehen. Aber in ihrer Tierwelt denken und überlegen sie und erst dann handeln sie".

Wir definieren Intelligenz auf die verschiedenste Art: Intelligenz ist die Fähigkeit Probleme zu lösen oder Güter zu beschaffen, die in unserer Gesellschaft eine hohe Wertschätzung genießen. Oder: Intelligenz ist die Möglichkeit, bestimmte Informationen auf bestimmte Art zu verarbeiten.

Es gibt Definitionen, die zwischen sprachlicher, logisch-mathematischer, musikalischer oder räumlicher Intelligenz unterscheiden, sowie den Grad der Abstraktionsfähigkeit betreffen.

Es gibt aber auch Kulturen, die den Begriff der Intelligenz gar nicht kennen oder die ganz andere Fähigkeiten als intelligent bezeichnen, wie z.B. scharfes Gehör, feines Gewissen oder die Fähigkeit, eine soziale Umgebung gut zu beobachten, zu interpretieren und zu beeinflussen.

Unsere, westliche Art der Definitionen von Intelligenz geht von vornherein davon aus, dass nur Menschen Intelligenz besitzen.

In seiner ursprünglichen Bedeutung bezieht sich Intelligenz auf einen Vorgang des Auswählens und meint damit die Fähigkeit, eine Entscheidung durch Auswahl aus alternativen Möglichkeiten zu treffen.

Prof. A. Trewavas von der Universität Edinburgh und Mitglied der Royal Society befasst sich mit dem Verhalten von Pflanzen und kam zu der Meinung, dass die Definition von Intelligenz neutraler, also nicht so menschenbezogen wie bisher, definiert werden müsste. Er greift die Definition eines neuseeländischen Philosophen, D. Stenhouse, von 1974 auf, der meint: Intelligenz ist das anpassungsorientierte, veränderliche Verhalten im Leben eines Individuums. Diese Definition beschreibt das nichtinstinktive Verhalten eines Individuums, um seine Überlebenschancen zu maximieren.

Ich will versuchen, die folgende Auswahl an Beispielen so zu sortieren, dass sie eine zunehmende Komplexität im Verhalten der Tiere beschreiben und es dem Leser überlassen, inwieweit er mir folgt, das Verhalten der Pflanzen oder Tiere als intelligent zu bezeichnen.

Bereits beim ersten Beispiel wird das Problem der Definition von Intelligenz besonders klar. Der japanische Biologe Toshiyuki Nakagaki befasste sich mit dem Verhalten von echten Plasmodien. Dies ist eine Art von Einzellern, ähnlich den Amöben. Manche Amöben besitzen nun die Eigenschaft, sich mit anderen Exemplaren zu einer einzigen Riesenzelle mit sehr vielen Zellkernen zu verschmelzen. Wenn solch ein Organismus zerschnitten wird, dann fügen sich die einzelnen Teile wieder von selbst zusammen. Solch ein Gebilde kann ca. 10 cm groß sein. Die echten Plasmodien kriechen umher und verschlingen ihre Nahrung, die sie vorher gezielt umfließen. Sie bewegen sich also wie Tiere, aber wie Pilze erzeugen sie Samenkörper mit Sporen. Wenn sich diese Sporen in neue Gebiete verteilen, dann keimen sie zu mikroskopisch kleinen Amöben. Nakagaki hat nun entdeckt, dass sich diese Organismen, die weder Augen, noch ein Nervensystem, geschweige denn ein Gehirn besitzen, sich in einem Labyrinth orientieren können. Bringt man so eine schleimige Riesenzelle in ein Labyrinth aus Kunststoff der Größe 25 x 35 cm² und füllt die Gänge mit einer Nährstofflösung, dann füllt die Zelle zunächst das ganze Labyrinth aus. Bringt man jedoch z.B. Haferflocken an den Ein- und Ausgang des Labyrinths, dann zieht sich der Körper des Plasmodiums aus den Sackgassen zurück und findet den kürzesten, von vier möglichen Wegen zwischen Ein- und Ausgang. Der Längenunterschied zwischen den verschiedenen Wegen betrug dabei nur ca. 20 %. Das Experiment wurde oft wiederholt und jedes Mal fand die Zelle den kürzesten Weg. Die japanischen Forscher beschrieben dieses Ergebnis derart, dass dieser Befund einen bemerkenswerten Prozess zellulärer Rechentätigkeit darstellt und somit bloßes Zellmaterial eine Art "primitiver Intelligenz" aufweist, obwohl kein mehrzelliges Nervensystem oder Gehirn vorhanden ist. Im Zuge der Diskussion seiner Ergebnisse mit wissenschaftlichen Kollegen aus den verschiedensten Ländern, stellte Nakagaki fest, dass die westlichen Kollegen mit dem Begriff Intelligenz, als Erklärung für den Befund, ein Problem hatten.

Im japanischen Shinto, eine Art Animismus, wo alles eine Art Geist besitzt, gibt es kein Problem, das Verhalten der Plasmodien als intelligent zu bezeichnen. Das japanische Wort für Intelligenz ist dabei "chi-sei", was so viel wie Wissensfähigkeit oder Erkenntnisfähigkeit bedeutet und normalerweise ins Englische mit Intelligenz übersetzt wird. Die westlichen Kollegen ziehen für das Verhalten der Plasmodien mehr den Begriff Klugheit vor, da er neutraler ist und nicht sofort einen Einzeller auf die Stufe des Menschen hebt. Das aber bedeutet, dass wir jedem biologischen Material eine gewisse Klugheit zuerkennen müssen, was im Englischen als "smart material" bezeichnet wird, da jedes lebende Gewebe bestimmte Verhaltensweisen zeigt. Auch die vom britischen Zoologen C. L. Morgan aufgestellte Regel, nämlich, dass niemals ein Verhalten als Folge einer höheren psychischen Fähigkeit interpretiert werden darf, solange es als Folge einer Fähigkeit minderen Grades interpretiert werden kann, hilft uns auch nicht bei der Findung des richtigen Begriffs für das Verhalten der Plasmodien. Auch ein instinktives Verhalten kann den Plasmodien nicht unterstellt werden, haben sie doch keine Speichermöglichkeit für komplexere Verhaltensweisen.

Ein weiterer, hochinteressanter Versuch auch im Hinblick auf die Willensfreiheit wurde in den Proceedings of the Royal Society B, 2011, (Bd. 278, S. 930) diskutiert. Der Zoologe Björn Brembs beschreibt in dem Artikel Versuche mit Fruchtfliegen, die einem bestimmten Reiz ausgesetzt wurden und die sich dabei unterschiedlich verhielten. Brembs meint, dass es bei der Willensfreiheit im Wesentlichen darum geht, sich in der gleichen Situation unterschiedlich entscheiden zu können oder einfach spontan zu handeln, auch wenn es keinen äußeren Anlass dafür gibt. Ein Verhalten also, das wir Menschen eigentlich nur uns zuschreiben. Anzeichen für solch ein Verhalten fand Brembs bei Fruchtfliegen. Er setzte z.B. 100 Fruchtfliegen vor eine Lampe. Ca. 70 der Fliegen krabbelten auf das Licht zu, während der Rest sich von der Lichtquelle entfernte. Nimmt man nun diese 30 Fliegen und setzt sie wieder vor die Lampe, dann krabbeln wieder 70 % auf das Licht zu und 30 % entfernen sich von der Lampe. Es gibt also kein genetisch oder instinktiv festgelegtes Verhalten. Die Fliegen treffen jedes Mal eine 70 % Entscheidung, auf das Licht zu zugehen. Durch Lernen- bzw. Dressur lässt sich das Verhalten nur graduell beeinflussen, derart, dass die Fliegen eine 80/20 Entscheidung treffen. Es gelang nie, alle Fliegen zum gleichen Verhalten zu bewegen. D.h., das Verhalten der einzelnen Fliege kann nur mit einer bestimmten Wahrscheinlichkeit vorausgesagt werden.

Diese Unvorhersagbarkeit im Verhalten bringt auch einen Überlebensvorteil mit sich, denn damit fällt es einem Raubtier viel schwerer, das Verhalten seiner Beute zu kalkulieren. Genauso ist diese Variabilität im Verhalten auch ein Vorteil, wenn es darum geht, sich an neue Lebensumstände anzupassen. Diese Zufallskomponente im Verhalten oder auch der Verhaltensspielraum verbessert die Überlebenschancen zumindest der Art. Da dieses Verhalten noch dazu situationsgerecht eingesetzt wird, könnte man das Verhalten der Fruchtfliege als eine Art von einfacher Intelligenz bezeichnen. Eine Bezeichnung als smart material fällt uns für dieses Beispiel schon schwerer als im Falle der Plasmodien.

Bevor ich noch weitere Beispiele aus dem Bereich der Insekten schildere, möchte ich noch auf die, meiner Meinung nach, sensationellen Forschungsergebnisse des bereits oben erwähnten Prof. Anthony Trewavas, von der Universität Edinburgh aufmerksam machen. Lange Zeit wurden Pflanzen nur als passive Organismen aufgefasst, da sie sich für das bloße Auge nicht bewegen. Diese Meinung ist falsch, da Bewegung zwar ein Ausdruck von Intelligenz sein kann, nicht aber Intelligenz selbst. Nicht nur, dass selbst Topfpflanzen ihre Blätter zur Sonne hin ausrichten, können Bäume sogar wandern. Die tropische Fächerpalme z.B. bewegt sich als ganzer Baum Richtung Sonnenlicht. Dabei werden auf der, der Sonne zugewandten Seite neue Stützwurzeln gebildet, während auf der Schattenseite die Wurzeln absterben. Da dieser Vorgang über Monate stattfindet, empfinden wir diese Pflanze – und generell alle Pflanzen - als quasi statisch. Trotzdem steckt hinter dem Verhalten der Fächerpalme eindeutig eine Zielstrebigkeit.

Geradezu ein Paradebeispiel für "Intelligenz" bei Pflanzen ist für Trewavas der Teufelszwirn. Eine

Schmarotzerpflanze ohne eigene Blätter. Der Teufelszwirn bewegt sich in seiner Umgebung, umschlingt eine Pflanze und taxiert genauestens deren Nährwert. Binnen einer Stunde "entschließt" sich dann der Teufelszwirn, ob er die Pflanze anzapft oder nicht. Bleibt er bei der Pflanze, dauert es noch mehrere Tage, bis der Teufelszwirn von den Nährstoffen seines Wirtes profitieren kann. Ein Irrtum wäre der Tod für den Schmarotzer. Er scheint sich aber seiner Sache ziemlich sicher zu sein, denn er kalkuliert den Nährwert des Wirts genau. Je nach Ergiebigkeit windet er sich mehr oder weniger oft um den Wirt. Bei mehr Windungen ist die Ausbeute höher, aber zu viele Windungen wären eine Energievergeudung. Ist der Wirt ausgelaugt, geht der Schmarotzer auf die Suche nach einem neuen Wirt. Die Nahrungssuche des Teufelszwirns ist so effektiv wie bei Tieren. Er trifft bei einem fast gleichwertigen Angebot immer die beste Wahl und das alles ohne Gehirn.

Wie aber trifft eine Pflanze Entscheidungen? Wie empfangen Pflanzen Signale und geben diese Informationen im Innern weiter?

Um dies zu klären führten Wissenschaftler mittels gentechnischer Methoden Tabakspflanzen ein Eiweiß ein, das den Kalziumspiegel in den Zellen erhöht. Tabak gilt als nicht besonders berührungsempfindlich, aber die genmodifizierten Pflanzen reagierten augenblicklich auf sanftes Streicheln, indem sie im Zellinneren Licht erzeugten, man sagt die Pflanze glüht. Normalerweise erfolgt bei Pflanzen eine Reaktion auf äußere Reize erst über Tage oder Wochen. Die genmodifizierten Pflanzen reagierten jedoch innerhalb von tausendstel Sekunden auf die äußeren Reize. Daraus folgt, dass für die Reaktion auf äußere Ereignisse die Kalziumkonzentration in den Zellen von Bedeutung ist. Streicheln hatte aber auch noch einen Langzeiteffekt. Oft gestreichelte Pflanzen verlangsamten ihr Wachstum und

wurden dafür dicker. Da auch menschliche Nervenzellen zur Informationsübertragung ihren Kalziumspiegel erhöhen, liegt der Gedanke nahe, dass auch bei Pflanzen die Voraussetzungen für eine "Pflanzenintelligenz" gegeben sein könnten. Man hatte nämlich entdeckt, dass bei Tieren, die gelernt haben, eine gewisse Gefahr zu vermeiden, in den Nervenzellen Kalzium Ionen und Enzyme freigesetzt werden. Dabei wird die "Außenhaut" (Membran) der Nervenzellen verändert, wodurch der Austausch von Ionen und Molekülen gesteuert wird. Hält die Gefahrensituation über längere Zeit an oder sie tritt häufiger auf, werden immer mehr Proteine erzeugt, die neue Verknüpfungen (Synapsen) zwischen den Nervenzellen herstellen. Es kann dann sogar zur Ausbildung mehrerer Sporne an den Synapsen kommen. Dadurch wird das Erinnerungsvermögen an eine spezielle Gefahr erhöht. Man sagt, das Tier hat etwas gelernt.
Einen analogen Prozess findet man auch bei Pflanzen. Leidet z.B. eine Pflanze unter Wassermangel, der sie in ihrer Existenz bedroht, dann werden in den Pflanzenzellen genau dieselben Ionen und Moleküle freigesetzt wie bei Tieren. Es wird auch hier die Zellmembran modifiziert und falls der Wassermangel anhält, verändert die Pflanze ihre Zellen und ihr Verhalten. Die Blätter werden kleiner, die Triebe hören auf zu wachsen und die Wurzeln strecken sich, um neue Nahrung zu finden.
D.h. aber, dass Pflanzen genau wie Tiere und Menschen Kenntnis über ihre Umwelt besitzen und dabei zelluläre Mechanismen verwenden, die den unsrigen sehr ähnlich sind. Es besteht eine Kommunikation zwischen der Außenwelt und den internen, chemischen Abläufen der Pflanze. Die chemischen Signale, die Pflanzenzellen benützen, sind zum Teil gleich mit unseren, aber es gibt auch Unterschiede. So benützen Nervenzellen im

Säugetiergehirn meist kleinere Moleküle, während die Pflanzen große Moleküle wie z.B. Eiweiße oder Ribonucleine verwenden. Es schwimmen somit in einer Pflanze, die ja kein Gehirn besitzt, Proteine umher, die wesentlich größere Informationsmengen übertragen und verbreiten können als die kleinen Moleküle in unserem Gehirn.
Hat hier die Natur ein alternatives Konzept zum Gehirn erprobt?
Die Übereinstimmungen im Verhalten mit Tieren gehen aber noch weiter. So kommunizieren Pflanzen auch mit ihrer Umwelt und auch untereinander. Wird z.B. eine Pflanze von einem Schädling befallen, dann sondert die Pflanze ein Sekret ab, das den natürlichen Feind des Schädlings anlockt. Um sich z.B. gegen einen zu großen Blattlausbefall zu wehren, setzen manche Pflanzen E-Beta-Fanesene frei, einen Duftstoff, der bei Blattläusen einen falschen Pheromon Alarm auslöst. Die Blattläuse glauben es nähert sich ein Raubtier und ergreifen die Flucht. Limabohnen, die von Spinnenmilben befallen sind, setzen eine Mischung flüchtiger Öle frei und locken eine Raubmilbe an, die die Spinnenmilben frisst. Die Pflanzen wissen dabei genau, welche Milbenart sich gerade auf ihnen befindet. Die Pflanzen analysieren die Chemie des Milbenspeichels und produzieren genau den Duftstoff, der die richtigen Raubmilben anlockt. Durch den Duftstoff werden auch benachbarte Limabohnen gewarnt, die dann ebenfalls den Duftstoff produzieren, wodurch die weitere Ausbreitung des Schädlings verhindert wird.
Schon jetzt müssen wir feststellen, dass bereits von Anbeginn der Evolution Flexibilität oder Plastizität, sowie situationsangepasstes Handeln eine notwendige Bedingung war, damit Leben auf dieser von Katastrophen heimgesuchten Erde überleben konnte.
Kommen wir wieder zurück zu den Tieren.

Wir alle sind fasziniert von den Blattschneider-Ameisen, wie Kolonnen dieser Insekten große Stücke von Blättern in ihren Bau schleppen. Das Gehirn der Blattschneider Ameise hat etwa die Größe eines Zuckerkorns, aber trotzdem betreiben diese Tiere unterirdischen Ackerbau und verwenden Antibiotika schon seit mehreren Millionen Jahren, ohne dass eine Resistenz auftritt. Diese Ameisen zerschneiden nicht nur die Blätter in kleine Stücke, sondern sie kratzen auch die Wachsschicht von den Blättern ab, die diese gegen Pilzbefall schützt. Die so präparierten Blattstücke werden dann zu einem Brei zerkaut, der als Nährboden für ihre Pilzkultur dient. Der Pilz wiederum vernichtet die in den Blättern noch enthaltenen Insektizide, indem er den Blätterbrei verdaut und ausscheidet. Das wiederum ist dann die Nahrung für die Ameisen. Das Höhlensystem voller Graupilze verteilt sich über Tausende von Kammern, in denen sich bis zu 8 Millionen Ameisen befinden können.

Diese Pilz Monokultur ist natürlich sehr anfällig gegen Seuchen und Schimmel. Es hat sich sogar eine Schimmelart entwickelt, die spezialisiert ist auf Ameisen-Pilzkulturen. Aus diesem Grund muss die Pilzkultur sorgsamst gepflegt werden. Sie wird ständig gejätet, gereinigt und gedüngt und der Schimmel wird mit einem speziellen Bakterium – Streptomyces – bekämpft. Ca. die Hälfte aller unserer Antibiotika basieren auf diesem Bakterium. Das Faszinierende dabei ist, dass sich keine Resistenz der Pathogene, die die Wirkung reduzieren, über die Millionen Jahre ausgebildet hat. Es wäre ein großer Vorteil für uns, wenn wir dieses know how der Ameisen erfahren könnten.

Wo ist diese "Intelligenz" der Blattschneider Ameisen gespeichert? In der einzelnen Ameise sicher nicht!

Wir stoßen hier auf ein Phänomen analog zu unseren Körperzellen. Auch unsere Körperzellen verhalten sich im Verbund unseres Organismus intelligent. Wir haben im vorigen Kapitel gelernt, wie flexibel, aber trotzdem dem Gesamtorganismus dienend, sich die einzelne Körperzelle verhält. Auch hier muss man sich fragen, wo steckt die "Intelligenz" für das Zusammenspiel aller Körperzellen, so dass ein lebensfähiger Organismus entsteht.

Bei den staatenbildenden Insekten ist dieses Zusammenspiel auf selbstagierende Tiere verteilt, wobei das einzelne Tier keine Individualität besitzt, sondern mehr oder weniger vorprogrammiert handelt. Aber auch hier zeigt die Natur eine erstaunliche Flexibilität, wenn es darum geht das Überleben des Staates zu gewährleisten.

Über Bienen und ihre erstaunlichen Fähigkeiten wurde in der Vergangenheit schon viel geschrieben. Einer französischen Forschergruppe an der Universität Toulouse unter Leitung von Martin Giurfa ist es gelungen, mittels Mikrotechnik die Gehirnfunktion der Bienen näher zu untersuchen. Es stellte sich dabei u.a. heraus, dass die Bienen mit ihrem kleinen Gehirn mit weniger als einer Million Neuronen komplexe Aufgaben erfüllen können. Sie können mittels des bekannten Schwänzeltanzes andere Bienen über den Ort und die Ergiebigkeit einer Nahrungsquelle informieren, wobei ihnen ein Geruchssinn zur Verfügung steht, der empfindlicher ist als der von Hunden.

Bienen können aber auch lernen, wobei „lernen" bedeutet, dass eine persönliche Erfahrung eine Veränderung des eigenen Verhaltens zur Folge hat. In dem Experiment von Giurfa wurden die Bienen durch ein einfaches Y-förmiges Labyrinth geschickt, dessen Eingang z.B. blau markiert war. Nach einer kurzen Strecke trafen dann die Bienen auf eine Weggabelung, wobei der eine Weg blau und der andere Weg gelb gekennzeichnet waren. Am Ende des blau markierten

Weges bekamen die Bienen eine Belohnung in Form einer Zuckerlösung, während es am Ende des gelben Weges keine Belohnung gab. Die Bienen lernten nun sehr schnell, dass der Zucker am Ende des Weges zu finden ist, der mit derselben Farbe markiert war, wie der Eingang. In einem weiterführenden Experiment wurde nun der Eingang mit einem waagrechten, dunklen Strich markiert, also nicht mit einer Farbe, sondern mit einem Symbol. An der Weggabelung wurde dann der eine Weg wieder mit einem waagrechten Strich markiert und der andere Weg mit einem senkrechten. Alle Bienen nahmen an der Weggabelung den Weg, der mit einem waagrechten Strich markiert war, denn sie hatten ja gelernt, dass nur dasselbe Symbol am Eingang und an der Gabelung Belohnung verheißt.
Dieser Lernprozess ist bei den Bienen sogar von einem Sinneseindruck auf einen anderen übertragbar. Das, was die Bienen über den optischen Reiz gerade gelernt hatten, konnten sie sofort auch auf den Geruchssinn übertragen. Im Labyrinth-Experiment nahmen die Bienen sofort den Weg, bei dem der Eingang und die Weggabelung mit demselben Geruch markiert waren, denn sie hatten ja gelernt, dass nur "Dasselbe" am Eingang und an der Weggabelung zur Belohnung führt.
Die Experimente zeigen, dass bereits Insekten mit einem nur stecknadelkopfgroßen Gehirn zu einfachen Abstraktionen fähig sind. Darüber hinaus darf man aber nicht vergessen, dass Bienen auch sehr "dumm" sein können. Sie sind z.B. darauf programmiert nach der Nahrungsaufnahme an einer Blüte senkrecht hochzufliegen, also der Sonne (Licht) entgegen
und dann erst Richtung Bau. Bringt man nun Bienen in ein Labyrinth das mit einem Glasdeckel abgedeckt ist, dann erbringen sie Orientierungsleistungen ähnlich einer Ratte, solange sie das Futter noch nicht erreicht haben. Haben sie das Futter erreicht, fliegen sie hoch und

stoßen an das Glas. Dies machen sie solange bis sie vor Erschöpfung sterben. Es hat den Anschein, dass solch prinzipielle Verhaltensweisen genetisch festgelegt sind und deshalb nicht durch einen kurzen Lernprozess verändert werden können. Flexibler sind die Bienen, wenn es darum geht auf Blütenfarben zu reagieren. Normalerweise bevorzugen Bienen spontan die Farben intensives Blau und Gelb. Diese Farben entsprechen den Blüten, die normalerweise den meisten Nektar für sie enthalten. Dieses instinktive Verhalten ist aber mit einer relativ großen Plastizität kombiniert. Es ist nämlich möglich, dass die Bienen relativ rasch lernen können, dass in einer bestimmten Umgebung eben nicht blau und gelb die meisten Pollen enthalten, sondern z.B. rot und lila. D.h., die Bienen begeben sich zwar mit instinktiver Information in die Natur hinaus, was aber nicht zu einem starren Verhalten führt, sondern sie können diese Information durch Lernen verändern.

Dieses Verhalten erinnert mich an das Verhalten unserer Körperzellen, auch sie können auf äußere Einflüsse reagieren, auch sie besitzen eine zum Teil beachtliche Plastizität in ihren Funktionen, um das Überleben des gesamten Organismus zu garantieren. Es muss sich im Laufe der Millionen Jahre als Vorteil erwiesen haben, dass ein Organismus, dessen elementare Bestandteile nur nach einem starren Programm agieren können, einem Organismus unterlegen ist, der sich schnell an sich ändernde Umweltbedingungen anpassen kann.

Wir finden also bereits bei einem Insekt mit einem so "einfachen" Gehirn schon ein ganzes Spektrum von Verhaltensmöglichkeiten, die vom reinen Instinkt über variablen Instinkt bis hin zum Lernen und Erkennen von Symbolen reicht.

D.h., wer mehr Information über seine Umgebung (externe Informiertheit) erkennen und verarbeiten kann, hat einen Überlebensvorteil.

Ich möchte noch ein weiteres Beispiel bei Insekten schildern, denn man erkennt auch hier, dass sich bereits bei diesen Tieren gewisse grundlegende Informationsverarbeitungsprozesse erkennen lassen, die Voraussetzung für das intelligente Verhalten bei höheren Tieren sind. Prof. Kentaro Arikawa von der Universität Yokohama befasst sich seit etwa 25 Jahren mit der Neurologie von Schmetterlingen. Arikawa entdeckte nicht nur, dass Schmetterlinge Augen an ihren Genitalien haben, sondern dass sie zusammen mit ihrem winzigen Gehirn ein hochkomplexes optisches System besitzen und auch viele Farben erkennen können. Prof. Arikawa ist der Meinung, dass unsere Intelligenz ihren Ursprung bei unseren tierischen Vorfahren haben muss u.a. auch bei den Schmetterlingen. So finden wir bei Schmetterlingen bereits eine Eigenschaft, die auch für uns sehr wichtig ist, nämlich die konstante Farbwahrnehmung.

Konstante Farbwahrnehmung bedeutet, dass wir z.B. einen roten Apfel immer als rot erkennen, egal, ob wir den Apfel im direkten Sonnenlicht oder unter einer Lampe betrachten. Obwohl beide Lichtquellen ein unterschiedliches Wellenlängenspektrum aussenden, erkennen wir immer den Apfel als rot. Unser Gehirn erkennt, trotz unterschiedlicher Information – d.h. trotz unterschiedlicher Lichtintensität-, dass der Apfel rot ist. Es hat sich nun herausgestellt, dass auch die winzigen Gehirne des Schmetterlings zu dieser Leistung fähig sind. Dabei trainierten die Forscher den japanischen, gelben Schwalbenschwanz Schmetterling darauf, Zuckerwasser zu trinken, das auf einem bestimmten Farbfleck aufgeträufelt war. Anschließend wurden den Schmetterlingen unterschiedlich graue Platten präsentiert, auf denen verschiedene Farbflecken aufgebracht waren, u.a. auch die Farbe, auf der früher die Zuckerlösung aufgebracht war. Alle Schmetterlinge

flogen sofort zu diesem Farbfleck, ganz egal wo er sich auf der Platte befand und auch unter den verschiedensten Beleuchtungsbedingungen. Für den Schmetterling ist es eben überlebenswichtig, die richtige Nahrungsquelle in der freien Natur zu finden, egal ob sie sich im direkten Sonnenlicht befindet oder an einem schattigen Ort. Da die Erkennung von Farben für den Schmetterling so wichtig ist, ist es auch nicht verwunderlich, dass der Schmetterling auf seiner Netzhaut fünf verschiedene Farbrezeptoren besitzt und einen weiteren Rezeptor für hell – dunkel.
Im Vergleich dazu haben wir Menschen nur drei Farbrezeptoren für rot, grün und blau und einen weiteren ebenfalls für hell – dunkel.
Dieses aufwendige, optische System ermöglicht es dem Schmetterling in seiner Welt die richtigen Entscheidungen zu treffen, die für sein Überleben notwendig sind. Die Schmetterlinge müssen sich entscheiden welche Blumen sie aufsuchen wollen, je nachdem wie hungrig sie sind und welche Art von Nahrung sie gerade benötigen, also Nahrung die entweder flüssiger oder zäher ist. Auch der Schmetterling trifft in seiner, für uns, einfachen Welt, Entscheidungen wie wir Menschen in unserer komplexen Welt. Ziel ist aber in beiden Fällen, durch die Entscheidung das Überleben des Individuums zu sichern. Es ist deshalb nicht verwunderlich, dass die höheren Tiere, die aufgrund ihres größeren Gehirns einen wesentlich komplexeren Eindruck von ihrer Umwelt haben, auch wesentlich differenziertere Entscheidungen treffen können und müssen. Die Grundprinzipien für solch ein intelligentes Verhalten sind aber schon bei sehr einfachen Lebewesen zu finden, ja sogar schon auf molekularer Ebene.
Damit wir besser erkennen können, dass es auch auf molekularer Ebene eine, meiner Ansicht nach,

zumindest einfache Intelligenz gibt, möchte ich den Unterschied zwischen Intelligenz im Bereich der belebten Materie und "Intelligenz" eines Thermostaten erläutern. Ein Thermostat regelt z.B. die Temperatur in einem Raum. Er besitzt Sensoren zur Messung der Temperatur und eine Schaltvorrichtung, ein – aus, für die Wärmequelle. Der Thermostat erkennt über seine Sensoren die für ihn relevante Umwelt, nämlich die Raumtemperatur. Er trifft eine Entscheidung, indem er die Heizung einschaltet, wenn er die Information bekommt, es ist zu kalt und umgekehrt. Wenn man Intelligenz ganz einfach definiert, nämlich mit der Fähigkeit Entscheidungen zu treffen, dann besäße der Thermostat tatsächlich eine gewisse Intelligenz. Der Unterschied zur biologischen Intelligenz, dem Chi-sei, also der Wissensfähigkeit, ist, dass der Thermostat keine eigenen Entscheidungen treffen kann und nur deshalb mit seiner Umgebung "kommunizieren" kann, weil er dafür vom Menschen programmiert wurde. Er kann nicht von sich aus entscheiden, ob es zu kalt oder zu warm ist, er kann nicht von sich aus Probleme lösen. Der Thermostat hat von außen die intelligente Information bekommen und nicht aus sich heraus. Lebewesen besitzen eine kreative Wissensfähigkeit, während ein Thermostat überhaupt nichts Neues zustande bringt. Er ist eben eine Maschine.
Betrachten wir im Gegensatz dazu unsere Körperzellen. Ähnlich wie eine einzelne Ameise oder Biene ordnet sich eine Körperzelle in einen Zellverbund ein und erfüllt eine ganz bestimmte Funktion für den Organismus. Die Zelle gibt dabei ihre Selbständigkeit auf, zu Gunsten des Organismus. Unser Organismus arbeitet nur deshalb so zuverlässig, weil die Zellen ständig miteinander kommunizieren. Die Zellen der Bauchspeicheldrüse schütten Insulin aus, um den Muskelzellen mitzuteilen, dass sie aus dem Blut Zucker zur Energiegewinnung

aufnehmen können. Die Zellen des Immunsystems informieren Antikörper, dass sie Eindringlinge angreifen sollen und die Zellen des Nervensystems erzeugen elektrische Impulse, um das Gehirn oder Muskelzellen über einen Reiz zu informieren. Die etwa 100 Billionen Körperzellen steuern sich selbst durch den ständigen Austausch chemischer Signale. Man kennt bereits bis zu 11000 Signalkomponenten. Aufgrund dieser Informationen treffen die Zellen ständig Entscheidungen wie sie auf die vielen elektrischen, chemischen und taktilen Einflüsse reagieren sollen. Sollen sie das Signal ignorieren oder an den Zellverband weitergeben? Sollen sie wachsen, sich teilen oder sollen sie sterben? Dazu müssen die Zellen miteinander kommunizieren, wobei sie Signalwege benützen, die aus dominoartigen Kontaktreihen von Eiweißmolekülen bestehen und eine große Variationsbreite besitzen. Diese Flexibilität erfordert eine Informationsverarbeitung, die eine Bedeutung für die Zelle erzeugt und damit eine Aktion der Zelle auslöst, z.B., sich zu teilen oder zu sterben oder ein bestimmtes, gespeichertes Molekül wieder freizusetzen.

Wir stoßen hier wieder auf die Information, die eine Bedeutung für ein komplexes System besitzt. Diese bedeutungsvolle Information muss eine Energie darstellen, da aufgrund dieser Bedeutung etwas bewirkt wird, d.h., es wird Arbeit geleistet.

Jede Zelle empfängt zeitweise hunderte von Signalen, deren Bedeutung die Zelle intern und im Zellverbund erst abstimmen muss, bevor die Zelle "handelt".

Besonders deutlich kann man die Kommunikation bei einfachen Bakterien beobachten. So überziehen ca. 600 Bakterienarten jeden Morgen unsere Zähne mit einer Art Biofilm, wobei sich die Bakterien immer im selben Muster anordnen. Um dies zu schaffen, müssen sich die verschiedenen Arten erkennen können. Dazu benutzen

die Bakterien eine sehr effektive Kommunikation in Form von chemischen Stoffen, also keine Worte.
Da alle Zellen zum großen Teil aus Proteinen bestehen, stellt sich die Frage, ob nicht auch Moleküle eine Art von Wissensfähigkeit besitzen. C. Miller, ein Biochemiker, schrieb in der renommierten Zeitschrift "Nature": Proteine sind intelligente Wesen, die in den komplexen Stoffwechselströmen einer Zelle agieren. So müssen z.B. die Transkriptionsfaktoren (siehe Kap. 3.2, z.B. S. 66) erkennen, wann Gene aktiviert oder ausgeschaltet werden sollen. Dazu liefern zelleigene Signalmoleküle wie z.B., Laktose, Retinsäure oder auch Kupfer die entsprechende Information.
Nehmen wir als weiteres Beispiel Hämoglobin. Dieses Protein weiß, wann wir schlafen oder sprinten, es erkennt, ob wir auf Meereshöhe oder in einem Bergland leben und es weiß quasi in jedem Moment, wo es sich im Körper befindet, ob es gerade durch die Lunge fließt oder sich im Gehirn befindet. Das Molekül fällt Entscheidungen und passt sich, und damit das Verhalten des Sauerstoff tragenden Blutes, an den Bedarf des Organismus an, in dem es in der Zelle gelöste Stoffe wie z.B. CO_2, H^+, Cl^-, NO oder Biphosphoglyzerat erkennt.
Ein anderes Protein, das Ubiquitin, markiert andere, beschädigte Proteine, die dann von einem großen Multiproteinkomplex namens Proteasom zerstört werden. Ferner arbeitet Ubiquitin bei der Zellteilung mit und es steuert die Bewegung wichtiger Proteine in der Zelle. Ubiquitin "entscheidet" also, ob ein Protein z.B. bis zur Zellmembran gelangen soll oder in eine interne Vakuole eingeschleust wird, wo es dann zerstört wird. Ubiquitin ist aber auch im Spiel, wenn es darum geht, dass die Zelle auf äußere Signale richtig reagiert.
T. Ward, Professor für Chemie, meint zur Wissensfähigkeit von Proteinen: Ein Protein kann sich bewegen und aus äußeren Nahrungsquellen Energie

beziehen, es kann Informationen mit anderen Proteinen seiner Art austauschen, ebenso mit anderen Arten wie z.B. DNA- oder RNA- Molekülen. Die wichtigste Funktion eines Proteins ist das Erkennen. Proteine erkennen z.B. RNA-Moleküle, Viren oder andere Proteine. Aufgrund dieses Erkennens starten sie dann eine gezielte Aktion, z.B. die Aktivierung eines Antikörpers gegen das Virus. Ob man nun aufgrund der eben geschilderten Fähigkeiten der Proteine diese bereits als intelligent bezeichnen kann, sei dahingestellt und hängt letztlich von der gewählten Definition für Intelligenz ab.

Was aber zweifelsfrei gilt, ist die Tatsache, dass wir bereits auf molekularer Ebene auf eine, sicher etwas niedrigere, Stufe von Wissensfähigkeit stoßen.

Was ich damit zum Ausdruck bringen will, ist der Befund, dass Wissensfähigkeit/Information oder Intelligenz (=Reaktion auf Information bzw. Erzeugung neuer Information)) bereits von Anbeginn der Evolution vorhanden sein musste, denn sonst wäre nie, die für das Leben absolut notwendige Plastizität bzw. Anpassungsfähigkeit vorhanden gewesen. Die Informiertheit über die Umwelt und eine daraus resultierende, angepasste Reaktion war entscheidend für das Überleben.

In den folgenden Beispielen möchte ich über das intelligente Verhalten höherer Tiere, wie z.B., Vögel, Fische und Säugetiere berichten. Was mich an diesen Beispielen besonders fasziniert, ist nicht das zum Teil sehr hohe komplexe, intelligente Verhalten an sich, sondern die Tatsache, dass dieses Verhalten schon sehr menschliche Züge aufweist. Es ist nämlich zu erkennen, dass sich die Tiere bereits "bewusst" sind, dass sie in einem sozialen Verbund leben.

Wenn wir im Folgenden über intelligentes Verhalten bei höheren Tieren sprechen, dann müssen wir darauf

achten, ob das beobachtete, situationsgerechte Verhalten wirklich eine Entscheidung ist oder nur ein komplizierteres, instinktives Verhalten darstellt.
Ein grenzwertiges Beispiel dafür, ist meiner Ansicht nach, das Verhalten bestimmter Aras in Amazonien. Bestimmte Arten dieser wunderschönen Vögel treffen sich jeden Morgen bei bestimmten Lehmbänken und fressen dort den Lehm. Man hat nun festgestellt, dass dieser Lehm besonders kaolinhaltig ist. Dieser besondere Lehm kleidet nicht nur die Darmwände aus, sondern er bindet auch giftige Alkaloide, die die Vögel über die Samen von Pflanzen zu sich nehmen. Man könnte nun der Meinung sein, dass dies ein rein instinktives Verhalten ist, da es sich als Vorteil für die Vögel erwiesen hat, bevor sie die giftigen Samen fressen, den Lehm zu picken. Aber auch wir Menschen nehmen diesen stark kaolinhaltigen Lehm gegen Lebensmittelvergiftungen. Ferner ist zu bedenken, dass die Papageien eine Auswahl treffen zwischen den verschiedenen Lehmvorkommen. Sie suchen gezielt die Vorkommen, die besonders kaolinhaltig sind. Sie probieren verschiedene Lehmsorten und entscheiden dann welcher der kaolinhaltigste ist. Vielleicht schmeckt ihnen der kaolinhaltigste Lehm eben am besten, wie uns ein reifer Apfel auch am besten schmeckt, im Vergleich zu einem noch etwas grünen. Aber auch wir sagen beim Beispiel Apfel, dass wir eine Entscheidung treffen. Es gibt ja auch grüne Äpfel, die reif und schmackhaft sind. Ev. gibt es bei den verschiedenen Lehmsorten auch solche Überlappungen der Kriterien.
Ein weiterer Aspekt, der zu berücksichtige ist, ist die Tatsache, dass diese Tiere ein sehr gutes Gedächtnis haben.
Die Mitglieder der Krähenfamilie, also Raben, Elstern, Dohlen oder Häher, zählen mit zu den intelligentesten Tieren. Der Clark Tannenhäher z.B. versteckt bis zu

30000 Samen in tausenden von Verstecken, die oft 20 km voneinander entfernt sind. Er findet aber auch diese Verstecke wieder, auch noch 11 Monate nach Anlage des Verstecks. Damit ist es dem Tannenhäher möglich, auch in gebirgigen Gegenden zu überleben und schon relativ früh mit dem Brüten zu beginnen.

Dem Vogel ist es möglich, sich diese große Informationsmenge auch über einen längeren Zeitraum zu merken, womit sich ihm eine eigene Überlebensnische in einer zum Teil unwirtlichen Gegend eröffnet hat.

Intelligent wird meiner Meinung nach das Verhalten aber erst durch die Beobachtung, dass der Häher, wenn er bemerkt, dass er beim Verstecken seiner Samen von anderen Vögeln beobachtet wird, das Versteck verlegt, sobald die beobachtenden Vögel weg sind.

Dieses Verhalten zeigt, dass sich bereits ein Vogel an einen sozialen Zusammenhang erinnern kann und sich so verhält, dass künftiger Schaden – nämlich Hungern – vermieden wird. Dieses Verhalten schließt auch mit ein, dass der Häher selbst auch die Vorteile des Stehlens für sich entdeckt hat. Da er auch selbst stiehlt, kann er diese Erfahrung auch auf das eigene Bestohlen werden anwenden und ist dementsprechend vorsichtig beim Anlegen seiner eigenen Verstecke.

Täuschen und betrügen sind Eigenschaften, die wir als typisch menschlich bezeichnen würden. Es ist ein asoziales Verhalten, da man sich auf Kosten anderer bewusst einen Vorteil verschafft. Dieses Verhalten stellt schon ein relativ komplexes Verhalten dar, da man bei einer Täuschung oder einem Betrug eine Ereignisfolge organisieren muss, um den gewünschten Vorteil zu erzielen, zumal oft eine Vorleistung des Betrügers notwendig ist, um diese Ereigniskette auszulösen. Täuschen und Betrügen stellt das bewusste Verlassen des kooperativen Verhaltens dar. Es ist fast schon mit

einer Krebszelle zu vergleichen, die sich auch auf Kosten ihrer Umgebung ernährt. Wir empfinden deshalb dieses Verhalten auch als besonders verwerflich.
Es gibt sogenannte Postenvögel wie z.B. schieferblaue Ameisenwürger, die als Wachposten für einen Schwarm anderer Vögel dienen. Die Postenvögel stoßen einen Warnruf aus, wenn sich ein Feind des Schwarms, z.B. ein Habicht, nähert. Manchmal aber stoßen die Postenvögel diesen Warnschrei aus, auch wenn kein Feind in der Nähe ist. Die anderen Vögel fliegen in Panik auf und lassen Insekten, die sie gerade aus deren Verstecke aufgescheucht hatten, zurück, so dass der Postenvogel diese Insekten in Ruhe selbst fressen kann. Man müsste nun annehmen, dass dieses Verhalten von den Schwarmvögeln mit der Zeit durchschaut wird und die falschen Warnrufe ihre Wirkung verlieren. Es wurde aber beobachtet, dass die Postenvögel nur zur eigenen Brutzeit diesen Trick öfters anwenden, ansonsten gehen sie mit dieser Verhaltensweise sorgsam um. Hat z.B. ein Postenvogel falschen Alarm ausgelöst, um einem anderen Vogel dessen erjagtes Insekt wegzuschnappen, dann ändert der Ameisenwürger sofort seinen Warnschrei in ein leiseres Gezwitscher um, wenn er bemerkt, dass er keine Chance hat, dem anderen Vogel dessen Beute streitig zu machen.
Ein ähnliches Verhalten kann man auch bei Affenhorden beobachten. Die etwas schwächeren Mitglieder der Horde haben auch geringe Chancen an "Leckereien" wie z.B. Vogeleier oder Echseneier zu kommen. Auch hier stoßen dann die Schwächeren einen Warnruf aus, der die übrigen Affen veranlasst zu flüchten. Jetzt haben dann die Schwächeren die Möglichkeit an diese Leckereien zu kommen.
Das Erkennen von Symbolen und Strukturen ist für uns Menschen, neben der Sprache, eine wichtige Fähigkeit zur Abstraktion und Kommunikation. Es ist deshalb,

entsprechend des bisher Gelernten, nicht mehr erstaunlich, dass wir auch die Ansätze solcher Fähigkeiten bereits bei Tieren wiederfinden.

Was man einer Taube nicht zutrauen würde ist, dass sie Bilder von van Gogh und Chagall unterscheiden kann. Um das zu zeigen, wurden Tauben vorher trainiert. Sie erhielten Belohnung, wenn sie auf ein Gemälde von van Gogh pickten und wurden bestraft, wenn sie dies bei einem Chagall machten. Dann wurden den so trainierten Tauben Gemälde beider Meister gezeigt, die sie vorher noch nicht gesehen hatten. Die Tauben schnitten bei dem Test nicht viel schlechter ab, als eine Vergleichsgruppe von Psychologie-Studenten.

In einem Laboratorium in Arizona lebt der Graupapagei Alex, der inzwischen bis sechs zählen kann und über hundert verschiedene Gegenstände wiedererkennt und auch deren Farbe, Form und Material richtig benennen kann. Zeigt man Alex zwei gelbe Bleistifte und fragt ihn, wie sie sich unterscheiden, so sagt er: Gar nicht! Er kann die Bleistifte aber nach ihrer Größe unterscheiden. Er äußert Wünsche, indem er sagt: Komm her!, wenn er besser beachtet werden will und er wendet den Leuten, deren Fragerei ihn nervt, den Rücken zu und sagt: Nein! Alex wird von einer Wissenschaftlerin, Irene Pepperberg, trainiert, mit Methoden, die sie frei lebenden Tieren abgeschaut hat. Pepperberg hat erkannt, dass die Graupapageien dadurch lernen, dass sie Artgenossen zuschauen, wie sich diese verhalten. Daraufhin ließ die Forscherin Alex einfach zuschauen, wie sie einer anderen Person etwas beibrachte. Obwohl Alex nur ein walnussgroßes Gehirn hat, schneidet er bei Intelligenztests ebenso gut ab wie Delphine oder Schimpansen.

Ein weiterer Schritt in der Entwicklung eines Tieres ist sicher das Erkennen der eigenen Individualität. Ist dies doch auch bei uns Menschen ein entscheidender

Entwicklungsschritt, wenn sich das Kind im Spiegel wiedererkennt. Dieses Wiedererkennen im Spiegel, hat man bisher nur den höheren Primaten und den Menschen, in jüngster Zeit auch den Elefanten, zugeschrieben, da diese Fähigkeit als ein Indiz für ein Selbstbewusstsein gilt.
2001 wurden in New York zwei, in Gefangenschaft lebende Delphine, mit schwarzer Farbe an einer Körperstelle markiert, die sie normalerweise nicht sehen können. Die Delphine, die bereits Spiegel in ihrem Aquarium kannten, schwammen nach der Markierung sofort zu den Spiegeln und drehten und wendeten sich so, dass sie die Markierung erkennen konnten. Sie verbrachten eine relativ lange Zeit vor den Spiegeln, um diese Veränderung an ihnen zu begutachten. Dies war unabhängig davon, an welcher Stelle die Markierung angebracht wurde. In einem zweiten Experiment wurden die Delphine nur zum Schein mit Wasser markiert. Wieder schwammen die Fische zum Spiegel und versuchten die Markierung zu erkennen. Da es aber nichts zu sehen gab, verbrachten die Tiere viel weniger Zeit vor dem Spiegel. Diese Experimente legen den Schluss nahe, dass diese Tiere, mit denen wir vor etwa 70 Millionen Jahren einen gemeinsamen Vorfahren hatten, bereits ein Selbstbewusstsein besitzen. Es erscheint deshalb nur logisch, dass sich auch dieses Selbstbewusstsein im Laufe der Millionen Jahre weiterentwickelt hat. Wir finden deshalb bei der "Zwischenstation" zum Menschen – bei den höheren Primaten - das Selbstbewusstsein in einer ausgeprägteren Form wieder, als beim Delphin.
Über Experimente mit Affen gäbe es unzählige Ergebnisse zu berichten. Sie können Werkzeuge erstellen und in komplexen Situationen richtig reagieren. Affen haben eine bessere Farberkennung als wir. Es ist für einen Affen wichtig zu erkennen, ob eine Frucht auf

einem anderen Baum wirklich reif ist, bevor er den gewagten Sprung von einem Baum zum anderen macht. Für diesen Sprung braucht er ein sehr gutes Auge und eine bessere dreidimensionale Orientierung als wir sie besitzen.

Neueste Experimente haben nun gezeigt, dass uns z.B. Schimpansen viel näher stehen als bisher gedacht. Whiten und Boesch schreiben (2001): "Durch die koordinierte Zusammenarbeit von größeren Forscherteams, die sich mit den Verhaltensweisen von Schimpansen befassten, konnte eine Vielzahl kultureller Muster, der in Afrika lebenden Tiere, dokumentiert werden. Die Schimpansen zeigen Verhaltensweisen, die man als von Generation zu Generation weitergegebene Bräuche bezeichnen muss. Diese Bräuche reichen von der Erstellung und Benutzung von Werkzeugen bis hin zu bestimmten Formen der Kommunikation und sozialen Gewohnheiten".

Auch bei Elefanten findet man soziale Gewohnheiten, die sich über viele Generationen entwickelt haben. Es ist ergreifend, wenn man Elefanten beobachtet, die genau zu den Orten gehen, an denen die Gebeine ihrer Vorfahren liegen. Vorsichtig berühren sie die Knochen mit ihrem Rüssel, drehen und wenden diese und legen sie dann wieder vorsichtig auf den Boden. Nach einiger Zeit des Verweilens gehen die Tiere dann wieder ihrer Alltagsbeschäftigung nach.

Diese Beispiele sollen zeigen, dass auch die Wurzeln der kulturellen Fähigkeiten des Menschen sich bei den Tieren wiederfinden.

Was ist aber dann die Ursache dafür, dass wir Menschen die Welt beherrschen und die Affen immer noch im Urwald sitzen? /22/

Am Max Planck Institut für evolutionäre Anthropologie Leipzig wurde eine Testreihe entwickelt, bei der 105

Kinder zwischen zwei und zweieinhalb Jahren gegen 106 Schimpansen und 32 Orang-Utans antraten.
In der ersten Testreihe sollten kleine Mengen addiert werden, es sollte Futter gefunden werden und der Gebrauch von Werkzeugen verglichen werden. Bei der ersten Testreihe waren die Affen im Durchschnitt genauso gut wie die Kinder, nur beim Gebrauch von Werkzeugen waren die Affen sogar besser. Bei dieser speziellen Aufgabe sollte mit Hilfe eines Stöckchens eine Banane (für die Affen) bzw. ein Spielzeug (für die Kinder) herangeholt werden. 74 % der Schimpansen und 38 % der Orang-Utans lösten die Aufgabe, aber nur 23% der Kinder.
In der zweiten Testreihe ging es um das soziale Verstehen. Es ging um die Kommunikation mit der Versuchsleiterin. Die Aufgabe bestand darin, ein unter einem Becher verstecktes Objekt zu finden, auf das die Versuchsleiterin hindeutete. 91 % der Kinder verstanden sofort den Fingerzeig, aber nur 61 % der Schimpansen und 65 % der Orang-Utans. Noch deutlicher wurden die Unterschiede als es darum ging, ein Objekt aus einem Röhrchen zu holen, so wie es die Versuchsleiterin vormachte. 86 % der Kinder, aber nur 10 % der Schimpansen bzw. 7 % der Orang-Utans verstanden die Hinweise.
Eine ganz andere Versuchsreihe wurde an der Universität Kyoto durchgeführt. Auf einem Bildschirm wurden die Zahlen 1 bis 9 in unterschiedlicher Reihenfolge für nur kurze Zeit (minimal 210 msec) gezeigt. Die Probanden, es waren Studenten und junge Schimpansen, sollten die Zahlenreihe so schnell wie möglich wiederholen. Die Affen waren den Studenten haushoch überlegen. Man stellte jedoch später fest, dass erwachsene Affen auch nicht besser waren als die Studenten. Man erklärt sich das Ergebnis damit, dass

junge Affen eine Art fotografisches Gedächtnis haben müssen.

Es ist auch heute noch nicht geklärt, ob Affen wirklich etwas verstehen im Sinne von Begreifen. Viele Forscher sind der Meinung, dass die Tiere nur Ursache und Wirkung miteinander verknüpfen und somit nur assoziatives Lernen beherrschen.

Die Versuche zeigten jedoch klar, wo der Unterschied zwischen Affen und Menschen besteht, nämlich in der sogenannten kulturellen Intelligenz. Kinder erwerben Wissen durch Kommunikation und Nachahmung. Sie verstehen es, Wissen und Fähigkeiten durch Kommunikation und Nachahmung zu verbinden und so auf dem Wissen anderer aufzubauen. Die Kinder beobachten besser und lernen dementsprechend viel schneller. Dieser soziale Aspekt, der beim Menschen auch zur Entwicklung einer Kultur führte, ja sogar zu einer eigenen Evolution, wird als typisch menschlich bezeichnet.

Man ist heute davon überzeugt, dass alle höheren, eukariotischen Organismen vom Bakterium über Blütenpflanzen, Insekten bis hin zum Menschen, sich aus einer einzigen Urpopulation entwickelt haben, die vor ca. 1,8 Milliarden Jahre lebte. Alle sind durch einen gemeinsamen, genetischen Code und durch elementare Eigenschaften der Zellstruktur charakterisiert.

Die Beispiele in diesem Kapitel zeigen, dass nicht nur die Konstruktionspläne sich zu immer höherer Komplexität hin entwickelt haben, sondern auch das Erkennen der Umwelt durch diese Tiere. Jedes Tier erkennt seine Umwelt gemäß seiner Wissensfähigkeit, die das spezielle Tier für sein Überleben benötigt. Wir Menschen leben in einer sehr komplexen, von sozialen Systemen geprägten Umwelt. Dementsprechend komplex muss unsere Sensorik zur Erkennung unserer Umwelt sein, aber auch unsere Intelligenz, um uns in

einer komplexen, sozialen Umgebung wiedererkennen und behaupten zu können. Das Gehirn ist für das Lebewesen Mensch der Mittler zwischen sich und seiner Umwelt. Dieses, unser Gehirn ist aber im Vergleich zu den Gehirnen anderer Lebewesen nicht so einzigartig, wie wir es gerne glauben wollen. Intelligenz entstand in der Natur mehrfach und noch dazu unabhängig voneinander.
Auch wenn wir diese evolutionäre Entwicklung anerkennen und akzeptieren, dass wir Menschen auch das Ergebnis dieser Entwicklung sind, bleibt trotzdem das Gefühl, dass wir Menschen nicht nur etwas intelligentere Affen sind, sondern dass wir ein qualitatives Mehr an Intellekt haben.
Was ist das, was wir mit Geist und Bewusstsein bezeichnen?
Die kognitive Archäologie, ein neuer Zweig der klassischen Archäologie, befasst sich mit dem Geist, der hinter den gefundenen Artefakten steckt. Dabei versuchen die Forscher das Wissen aus Psychologie und Archäologie zu kombinieren, um auf die geistigen Fähigkeiten des Erzeugers schließen zu können. Gehen wir ca. 4 Millionen Jahre zurück, dann finden wir Steinwerkzeuge unserer vormenschlichen Ahnen, den Australopithecinen. Es sind asymmetrische Steinobjekte, die von einem Geist zeugen, der dem unserer heutigen Schimpansen entspricht. Unsere Ahnen begriffen ganz genau die Ursache und Wirkung des momentanen Geschehens, aber das Wenigste davon konnten sie in einem Langzeitgedächtnis speichern. Es war ihnen auch nicht möglich, das Geschehen zu abstrahieren, d.h., sie konnten nicht den allgemeinen Kern des Geschehens erkennen und so eine Lehre für die Zukunft daraus ableiten. Man muss weiter annehmen, dass die Australopithecinen eine einfache Zeichensprache hatten, die sie aber auch nur für aktuelle Anliegen benutzten,

wie z.B.: Hast du Futter für mich? Auf dieser Entwicklungsstufe verharrten die Australopithecinen über ca. 2 Millionen Jahre.
Aber dann, vor ca. 2 Millionen Jahre, tauchen plötzlich symmetrische Steinwerkzeuge auf, die einen Geist offenbaren, der die Fähigkeit eines Formbewusstseins hatte. Diese Ahnen bekamen als erste den Beinamen "homo" (homo erectus).
Die Werkzeuge waren nicht aus funktionellen Gründen symmetrisch, sondern diese Frühmenschen entwickelten ein Konzept für die Herstellung von Werkzeugen. Anstatt Erfahrungen nur automatisch oder durch Nachahmung zu nutzen, konnte der "menschliche" Geist jetzt selbständig die Erfahrung, wie das Werkzeug herzustellen ist, mitteilen und damit ein kulturelles Gut schaffen, das unabhängig vom Hersteller ist. Da man für diese Zeitperiode noch keine Artefakte mit Symbolcharakter findet, also keine Zeichnungen und Malereien, muss man davon ausgehen, dass es auch noch keine richtige Sprache für die Weitergabe der Information gab. Mit dem symmetrischen Werkzeug wurde aber etwas geschaffen, das über ein begrenztes, episodisches Geschehen hinausging. Das Wissen zur Herstellung des Werkzeuges existierte plötzlich länger als der Hersteller, es existierte z.B. in der Sippe. Man nimmt an, dass auch in diese Zeit die Erkenntnis von einer Zukunft und einer Vergangenheit fällt und dass für konkrete Dinge oder Geschehnisse Begriffe gebildet wurden. Man kann sich vorstellen, dass plötzlich sehr viele, neue Gesten und Begriffe entstanden sind, womit aber eine Gestensprache mit der Zeit überfordert war. Auch diese Entwicklungsphase dauerte die gesamte Altsteinzeit (Altpaläolithikum), also mehr als eine Million Jahre. Diese Menschen waren sicherlich schon klug, besonders in ihrem sozialen Verhalten, aber es fehlte

ihnen eine kreative Schubkraft, wie wir sie beim modernen Menschen beobachten.
Dann, vor ca. 300000 Jahren kam er, der Neandertaler. Er zeichnete sich durch eine technische Intelligenz aus, da er bereits verschiedene Werkzeuge wie z.B. Feuersteinmesser oder Steinäxte sehr kunstfertig herstellen konnte. Er verwendete dazu u.a. Birkenpech, den Klebstoff der Steinzeit, für dessen Herstellung Birkenrinde unter Luftabschluss auf 350 °C erhitzt werden muss. Dabei wandelt sich die Rinde in eine dickflüssige, klebrige Masse um, mit der dann Steinklingen an Holzgriffen befestigt werden konnten. Leider wurden diese Äxte auch zum Kampf untereinander verwendet, wie ein Grabfund aus der westfranzösischen Ortschaft Saint-Césaire beweist. Bei diesem Ort wurde das Skelett eines Neandertalers gefunden, dem vor ca. 36000 Jahren der Kopf mit einer Steinaxt eingeschlagen wurde. Das interessante aber ist, dass der Neandertaler nicht an der Wunde verstorben ist. Eine Computertomographie erbrachte den Befund, dass die Wunde nach der Tat wochenlang entzündungsfrei verheilte. Es existierten also nicht nur bereits medizinische Kenntnisse, sondern es gab auch eine soziale Kompetenz, da der Verletzte gepflegt und versorgt wurde. Diese schon relativ hoch entwickelte soziale Kompetenz kommt nicht ohne Sprache aus.
In der israelischen Kebara Höhle fand man ein vollständig erhaltenes Zungenbein eines Neandertalers, der dort vor ca. 60000 Jahren lebte. Dieser nur 3 cm große Knochen ist der einzige menschliche Knochen, der nicht mit dem übrigen Skelett verbunden ist, sondern nur mit dem weichen Gewebe des Kehlkopfes. An diesem Knochen setzen viele Bänder und Muskeln an, die der Zunge ihre Beweglichkeit verleihen. Der Neandertaler war auf alle Fälle nicht stumm! Mythen und Sagen, jedoch, die für einen religiösen Glauben

notwendig sind, hat es noch nicht gegeben, da man in den Gräbern noch keine Grabbeigaben findet.

Man nimmt an, dass in die Folgezeit eine weitere Revolution fällt, nämlich die Erfindung des Wortschatzes. Nun konnten unsere Vorfahren Sachverhalte viel deutlicher und genauer beschreiben und diese Information auch weitergeben. Man erkennt deutlich auch einen weiteren Schritt zur Abstraktion und zur Verwendung von Symbolen. So fand man in der Blombos Höhle in Südafrika ca. 75000 Jahre alte, symbolische Artefakte wie z.B. Muschelschalen, die man zu Ketten aneinander reihen konnte oder in Ockersteine eingeritzte Zeichnungen. Es entstanden Symbole, die Verschiedenes bedeuten konnten. Das Symbol einer Schlange konnte auch einen Flusslauf bezeichnen. Es beginnt die Ära des homo sapiens!
Die Verknüpfung von Ideen mit Worten war die Geburtsstunde von Mythen und Legenden, mit denen unsere Vorfahren ihre Vorstellungswelt ordneten. Es entstand ein umfangreicher Sagenschatz, der als kulturelles Modell der Nachwelt weitererzählt werden konnte. Archäologisch offenbart sich dieser Umbruch in den steinzeitlichen Höhlenmalereien in Frankreich und Spanien. Diese Höhlenmalereien, aber auch einfache, in Knochen geritzte Zeichnungen zeugen weiter davon, dass der Mensch begann, seine Erinnerungen auf ein Speichermedium zu übertragen, von wo er diese Information wieder abrufen oder anderen zeigen konnte.
Es ist ein logischer Schritt, dass dann auch für Worte Bilder verwendet wurden und so die Hieroglyphenschrift entstand und in einer weiteren Entwicklungsstufe vor ca. 6000 Jahren verschiedene Alphabet - Systeme entstanden. Man erkennt, wie der Mensch immer mehr zu abstrahieren gelernt hat, also immer besser den allgemein gültigen Kern eines Geschehens oder einer

Information erkennen konnte. Es gilt der Slogan: Die Information wurde aus der Gefangenschaft ihrer jeweiligen Gegenwart befreit! Während die Höhlenmalereien und die mündlich überlieferten Mythen nur in ihrem aktuellen, kulturellen Zusammenhang verstanden werden konnten, stellten die abstrakten Schriftensysteme eine Art von universellem Informationsspeicher dar. Dieses Abstraktionsvermögen förderte auch die Fähigkeit, Informationen zu neuen Gedankengängen zu kombinieren, statt sie nur zu speichern.
Intelligenz bringt nur dann Innovationen hervor, wenn Informationen aus verschiedenen Erfahrungsbereichen neu verknüpft werden und damit eine neue Bedeutung bekommen.
Man kann sich diesen, durch Abstraktion entstandenen Ideen- und Wissenspool wie einen Legobaukasten vorstellen, der es auch gestattet, entweder eine Burg oder einen Bagger aus den vorhandenen Komponenten zu bauen.
Entscheidend für diesen Innovationsschub war die Entwicklung der Sprache. Die sozialen Gruppen wurden immer größer und komplexer, was eine immer differenziertere Ausdrucksweise erforderte, um Sachverhalte und Beziehungen richtig zu beschreiben. Da aber auch für technische und mythische Sachverhalte Worte, also eine Art von Symbolen, erfunden wurde, konnte man auch diese Sachverhalte mit in die soziale Kommunikation einfließen lassen. Damit war die Isolation der verschiedenen "Intelligenzbereiche" aufgehoben. Die Kreativität war nicht mehr auf einzelne Gebiete beschränkt, sondern konnte sich über alle Lebensbereiche hinweg ausbreiten. Auch wir lernen heute noch, dass wirkliche Neuerungen dann zustande kommen, wenn man das Wissen aus bisher isoliert betriebenen Gebieten miteinander

kombiniert. Was dabei wichtig ist, ist die Tatsache, dass keiner der neuen Entwicklungsschritte die jeweilige vorausgegangene Entwicklungsstufe auslöscht, sondern die neue Stufe eine Erweiterung für das Gesamtsystem darstellt. Wir finden noch alle typischen Verhaltensweisen unserer geistigen Entwicklungsstufen in unserem Verhaltens-Repertoire. Dieses alte Erbe ist auch heute noch in uns aktiv. Wenn wir bei Glatteis auf der Straße gehen, dann verlassen wir uns fast ausschließlich auf unser kurzzeitiges, episodisches Bewusstsein.

Die nonverbale Kommunikation benützen wir, wenn wir einem anderen Autofahrer wütend den Vogel zeigen, und unser mythisches Bewusstsein hat in uns den Hang nach Märchen oder esoterischen Erklärungen unserer Umwelt hinterlassen. Gerade, als ich das schreibe, sollte die Welt gemäß Mayakalender untergehen. Tausende von Menschen versammelten sich an Orten, an denen Außerirdische erscheinen sollten oder an den alten Kultstätten der Mayas. Wir sind immer noch fasziniert von Geschichten, in denen es Menschen scheinbar gelingt sich über die "sturen" Naturgesetze hinweg zu setzen und mit einer überirdischen Intelligenz zu kommunizieren.

Unser reflektorisches Bewusstsein erlaubt uns, aus unserer Wirklichkeit herauszutreten und uns z.B. in Gedankenexperimenten ganz andere Lebensformen und Gesetzmäßigkeiten vorzustellen. Nur so war es möglich, dass wir uns so etwas wie eine Relativitäts– oder Quanten-Theorie, ausdenken konnten. Es ist für mich, nicht weil ich Physiker bin, eine ganz besondere intellektuelle Leistung, eine Theorie zu entwickeln, die Dinge beschreibt, die weit ab von unserer Wirklichkeit, also weit ab von unserem täglichen Erfahrungsbereich, existieren. Solche Theorien machen Aussagen, die gemäß dem gegenwärtigen Stand der Technik nicht nachprüfbar sind, die sich aber 30 bzw. 40 Jahre später dann doch als richtig erweisen, wie z.b. die Voraussage der Existenz des Neutrinos oder des Higgs Teilchens.

Ebenso einmalig ist natürlich auch die Fähigkeit des Menschen, Gefühle oder Vorstellungen über unsere Existenz nicht nur durch Worte, sondern auch durch eine musikalische Komposition oder durch Malerei auszudrücken.

Der Befund, dass die eben geschilderten, verschiedenen, intellektuellen Entwicklungsschritte sich nicht gegenseitig auslöschen, sondern noch nebeneinander, oft sogar unabhängig voneinander, in uns weiterwirken, lässt den britischen Kognitionsarchäologen Steven Mithen zu dem Schluss kommen, dass sich der menschliche Geist aus einzelnen Intelligenzmodulen zusammensetzt. Die geistige Evolution beruht demnach auf dem wachsenden Zusammenspiel zwischen diesen Bereichen.

Mithen unterscheidet vier Typen von Intelligenz, nämlich die linguistische Intelligenz, die für das Verstehen und das Hervorbringen von Sprache zuständig ist, die soziale Intelligenz, die die zwischenmenschlichen Beziehungen regelt, die technische Intelligenz, die uns Werkzeuge herstellen lässt und die naturkundliche Intelligenz, die uns Ursache und Wirkung begreifen lässt.

Gerade das Erkennen von Ursache und Wirkung und damit auch von Zeit ist eine geniale Errungenschaft unseres Gehirns. Es ermöglicht dem Menschen das Erkennen seiner Endlichkeit, was z.B. durch das Auffinden von Grabbeigaben bestätigt wird. Durch den für uns gesetzmäßigen Zusammenhang von Ursache und Wirkung ist es uns möglich, die Folgen einer Situation vorauszusagen. Wir wissen also was passieren wird, sei es bei der Jagd oder im sozialen Bereich, was uns einen entscheidenden Überlebensvorteil beschert.

Wir wissen schon im Voraus, wie wir uns zu verhalten haben.

Unser Gehirn entwickelt auch den für uns geeignetsten Zeitbegriff, entsprechend den Geschwindigkeiten, die für uns relevant sind. Wir erkennen unsere Beutetiere auch im vollen Lauf und können deren Geschwindigkeit abschätzen, um so den Vorhalt für den zu werfenden Speer abzuschätzen. Eine Fliege sieht viel schneller als wir, weshalb wir auch Probleme haben, Fliegen oder manch andere Insekten zu fangen. Schneller zu sehen wäre für uns kein Vorteil gewesen, da Fliegen sicherlich nicht zu unseren Beutetieren zählten.

Genauso wichtig für unser Zeitgefühl waren natürlich der Einfluss von Tag und Nacht, der Mondzyklus, die Sonnenwenden und die damit verbundenen, verschiedenen Jahreszeiten. Das Erkennen dieser Periodizitäten ermöglichte uns wieder eine gewisse Vorausschau, was für das Überleben von entscheidender Bedeutung war. Wie lange ist noch der Winter, oder jetzt kommt bald der Winter, war für den sesshaft werdenden Menschen, aber auch für den Jäger ein existenzielles Wissen.

Es wird nun seit einigen Jahrzehnten versucht, die Intelligenz eines Menschen durch eine IQ Zahl zu charakterisieren, obwohl man aus Erfahrung weiß, dass sich meistens nicht die Menschen mit dem höchsten IQ Wert an der Spitze unserer Gesellschaft befinden.

Zwei kanadische Neurowissenschaftler - Adam Hampshire und Adrian Owen von der Western University of London/Ontario - haben jüngst einen Intelligenztest ins Internet gestellt, an dem mehr als 110000 Menschen jeden Alters, Glaubens und jeder Herkunft teilnahmen. Nach Auswertung von ca. 44000 kompletten Datensätzen kamen die Forscher zu der mutigen These, dass es die Intelligenz als Maß geistiger Leistungsfähigkeit eigentlich

gar nicht gibt und die Bestimmung eines IQ irreführend ist (Neuron, vol. 76, p. 1225 – 2012).
Der Erfolg in dem Test wird bestimmt durch das Kurzzeitgedächtnis, logisches Denken und durch sprachliche Fähigkeiten. Dies sind aber Fähigkeiten von drei verschiedenen, unabhängig voneinander agierenden Bereichen in unserem Gehirn. Diese verschiedenen Gehirnbereiche entwickeln sich im Laufe eines Lebens unterschiedlich. Dementsprechend gibt es charakteristische Unterschiede bei den verschiedenen Altersklassen. Neben dem Alter spielt natürlich noch die Bildung eine Rolle, aber auch, ob man gewohnt ist, mit "Papier und Bleistift" umzugehen. Gerd Gigerenzer vom MPI für Bildungsforschung meint, dass sich wahre Intelligenz beim Verhalten im Alltag zeigt und nicht vor dem Bildschirm. Wir stoßen an dieser Stelle wieder auf das Problem der Definition von Intelligenz. Was aber, meiner Ansicht nach, der Großversuch der kanadischen Forscher zeigt, ist der Hinweis auf unsere Gehirnstruktur. Wir haben durch die neuesten, bildgebenden Analyseverfahren gelernt, dass das Gehirn z.B. bei einem visuellen Reiz nicht nur an einer Stelle aktiv ist, sondern immer an mehreren Stellen und das mit unterschiedlicher Intensität je nach Art des visuellen Reizes.
Die kognitive Archäologie, ein neuartiger IQ Test und die bildgebenden Analyseverfahren der Neurologie unterstützen den Befund, dass der Intelligenzgrad eines Tieres bzw. des Menschen vom Grad und der Intensität des Zusammenspiels verschiedener Hirnbereiche abhängt.
Obwohl wir intuitiv glauben, dass wir ein Mehr an Intelligenz gegenüber den Tieren besitzen, muss man trotzdem mit einer gewissen Bescheidenheit feststellen, dass wir unsere Intelligenz zum größten Teil auch nur dafür einsetzen, um in unserer Welt zu denken, zu

planen und zu handeln. **Wir wollen möglichst gut über uns und unsere Umgebung informiert sein!** Wir tun also etwas, was alle Tiere auch für sich in Anspruch nehmen können.

4.2 Was kann der Mensch mehr, im Vergleich zum Tier?

Zu unserem Mehr an Intelligenz trägt sicher unsere kulturelle Entwicklung bei. Wir besitzen aufgrund der Sprache die Möglichkeit Dinge oder auch Situationen zu abstrahieren, indem wir einen wertefreien Begriff, ein Symbol, schaffen. Denken wir nur z.B. an das Wort "Frau". Dieses Wort steht für sehr viele Assoziationen, das reicht von Mensch über Mutter bis hin zu Schönheit oder Geliebten. Ähnlich wie in der Mathematik fassen wir die verschiedensten Begriffe/Assoziationen unter einem Symbol, im Falle der Mathematik einem einfachen Buchstaben, zusammen. Dadurch werden die Assoziationen leichter handhabbar, so dass wir sie mittels der mathematischen Formeln auf die verschiedensten Möglichkeiten bzw. Gesetzmäßigkeiten hin abklären können. Die Fähigkeit unseres Gehirns, Ursache und Wirkung zu erkennen, brachte uns Menschen einen ganz entscheidenden Überlebensvorteil. Dieser Vorteil war so groß, dass sich unser Gehirn in der Folgezeit geradezu darauf spezialisiert hat, alle Vorgänge auf eventuelle Gesetzmäßigkeiten hin zu analysieren. Dies gelang ab dem Moment, ab dem wir Symbole/Worte anstelle von Ereignissen/Beziehungen verwenden konnten.
Ein weiterer Punkt, der uns Menschen als besonders intelligent erscheinen lässt, ist die Tatsache, dass wir Erkenntnisse zusammen mit unserer Persönlichkeit präsentieren. Auch die revolutionärste Erkenntnis wird nicht gehört werden, wenn sie zaghaft vorgetragen wird.

Leider ist aber oft das Gegenteil der Fall, nämlich, dass jemand mit großem Getöse und unter Einsatz seiner ganzen "Persönlichkeit" etwas publiziert, was sich etwas später als Binsenwahrheit herausstellt.
Ich erwähne diesen Zusammenhang, um die Intelligenz von allzu menschlichem Beiwerk zu trennen. Tiere haben bzw. brauchen nicht die Möglichkeit ihre Intelligenz so zu präsentieren wie wir. Bei Intelligenz und Persönlichkeit spielt die Interaktion von Genetik und Umwelt eine entscheidende Rolle. Für die Intelligenz ist der Einfluss der Gene sicher etwas höher als im Vergleich zur Persönlichkeit. Für die Persönlichkeit spielen Umweltfaktoren, z.B., zu welcher Zeit, in welchem Land man geboren wurde, Erziehung und die Einbindung in eine soziale Gemeinschaft, die größere Rolle.
Es ist aber wichtig festzustellen, dass wir aus dem bisher Gehörten ableiten können, dass der Mensch nicht der Sklave seiner Gene ist, dass aber die Umwelt alleine auch nicht sein Schicksal bestimmt.
Aufgrund seiner Intelligenz war es dem Menschen bis jetzt immer möglich, auch bei widrigen Umweltbedingungen – denken wir nur an die Eiszeit – zu überleben.
Mit der Präsentation von neuen Ideen in seiner sozialen Umwelt hat der Mensch ein Forum, neue Erkenntnisse auf ihre Tauglichkeit hin überprüfen zu lassen. Oft erkennt man den Kern einer neuen Erkenntnis erst in der Auseinandersetzung mit anderen Meinungen und Erfahrungen. Mit dieser Möglichkeit hat der Mensch sich ein effektives Werkzeug geschaffen, immer intelligenter zu werden. Oder anders gesagt:
Nachdem der Mensch erkannt hatte, dass Intelligenz und Informiertheit für ihn ein großer Vorteil ist, hat er "Werkzeuge" geschaffen, seine Intelligenz bzw. Informiertheit über seine Umwelt (externe

Informiertheit) immer weiter zu verbessern (z.B. Internet). Dies ist aber ein Vorgang analog zu den Zellen, die auch durch eine verbesserte Informiertheit komplexere Reaktionen steuern können.

Das eben Gesagte bedeutet aber, dass ein *quantitatives* Mehr in unserem Gehirn eine neue Qualität hervorgebracht hat. Durch dieses „Mehr" war es den Menschen möglich, eine Evolution außerhalb der DNA zu starten, in Form einer kulturellen Evolution. Diese hat sich als ein sehr effektiver Beschleuniger für den Intelligenz Zuwachs erwiesen.

Im nächsten Kapitel möchte ich mich mit der Funktion unseres Gehirns näher befassen, um uns selbst besser verstehen zu können und um eventuell doch noch herauszufinden, woher unser qualitatives Mehr an Intelligenz und bessere Informiertheit kommen.

5 Die Entwicklung und Funktion unseres Gehirns

Wie wir im vorhergehenden Kapitel gelernt haben, war es von Anfang an für ein Lebewesen entscheidend, Informationen aus seiner Umgebung aufzunehmen und daraus ein Handeln ableiten zu können, das für sein Überleben günstig bzw. notwendig ist. Dazu benötigt man nicht einmal ein zentrales Nervensystem geschweige denn ein Gehirn, wie wir am Beispiel der Plasmodien gelernt haben. Im Laufe der Evolution hat es sich dann als Vorteil herausgestellt, dass ein Organismus, der mehr Information über seine Umwelt erkennen und verarbeiten kann, einen Überlebensvorteil besitzt, da er gezielter handeln kann, um sich z.B. höherwertigere Nahrung zu beschaffen. Um dies zu erreichen, war ein Gehirn nicht die erste Erfindung, sondern es wurde zunächst eine bessere Sensorik entwickelt, um die Umwelt zu erkennen. Die Datenfülle war noch relativ gering bzw. sehr spezifisch, so dass ein zentrales Nervensystem diese Datenmengen auswerten konnte. Der Vorteil dieses Systems war, dass es sehr schnell auf Standardsituationen reagieren konnte. Als es dann notwendig wurde, verschiedenartige Reize zu verarbeiten, um eine gewisse Handlung richtig auszuführen, entstanden die ersten Ansätze für eine zentralere und damit koordiniertere Verarbeitung der Informationen. Denken wir nur an die geschilderten Beispiele bei Bienen oder Schmetterlingen. Diese Insekten können bzw. müssen, um zu überleben, neben optischen Reizen auch Informationen über Geruch und Temperatur verarbeiten. Man spricht bereits bei Insekten von einem Gehirn, das diese Informationsverarbeitung bewerkstelligt und ein gezieltes Handeln koordiniert.

Eine verbesserte Sensorik bedeutet für ein Lebewesen, dass es mehr von seiner Umwelt erkennt. Es ist, wie wenn wir im Dunkeln zuerst nur mit einer Taschenlampe versuchen zu erkennen, wo wir sind. Wir erkennen nur das, was im Lichtkegel der Lampe auftaucht. Alles, was sich außerhalb des Lichtkegels befindet, existiert für uns nicht und hat vermeintlich auch keinen Einfluss auf das, was wir im Lichtkegel sehen. Der Mensch hat praktisch dann den Lichtschalter gefunden, mit dem man das ganze Zimmer ausleuchten kann. Wir erkennen plötzlich viele neue Gegenstände aber auch neue Zusammenhänge. Warum z.B. der Stuhl bei einem Tisch steht, oder wofür der Ofen in der Ecke dient. Das bedeutet aber für das Gehirn, dass immer größere Datenmengen in kurzer Zeit verarbeitet werden und Zusammenhänge zwischen ganz verschiedenen Gebieten hergestellt werden müssen. **Wir erkennen Wechselwirkungen zwischen ganz verschiedenen Gegenständen oder Bereichen.**

Wir sehen das Feuer im Ofen, was uns nicht nur an Wärme denken lässt, sondern auch daran, dass wir einen Baum fällen müssen, um wieder Holz für den Winter zu besorgen. Im Gehirn entwickeln sich verschiedene Bereiche, die sich auf die Verarbeitung bestimmter sensorischer Reize spezialisieren. D.h., das Gehirn entwickelt eine gewisse anatomische Struktur und eine Kooperation zwischen den verschiedenen Bereichen, damit wir auch Beziehungen zwischen verschiedenen Dingen erkennen können. Die Entwicklung ging aber nicht geradlinig zur Struktur des Säugetiergehirns, sondern auch dabei wurden verschiedene Ansätze im Zuge der Evolution verfolgt. Ein Vogelgehirn ist z.B. nach einem ganz eigenen Plan organisiert. Vögel haben nicht den Kortex als Hauptorgan ihrer Intelligenz entwickelt, sondern einen anderen Teil des Vorderhirns, nämlich das sogenannte Hyperstriatum. Ein Teil, das den Säugetieren fehlt. Je größer dieses Hyperstriatum bei einem Vogel ist, umso intelligenter ist der Vogel. Rabenvögel stehen an der Spitze bzgl. Intelligenz bei Vögeln. Ihr Gehirn hat nicht nur ein sehr großes Hyperstriatum, sondern auch das Verhältnis von Gehirngewicht zu Körpergewicht entspricht dem der Delphine und damit fast dem unsrigen.

Mit dem Siegeszug der Säugetiere nach dem kambrischen Evolutionsschub, hat sich das Säugetiergehirn ebenfalls in einer riesigen Vielfalt entwickelt. Wesentlich dabei ist aber, dass die Struktur des Säugetiergehirns bei allen Säugetieren praktisch identisch ist.

Gibt es nun, ähnlich wie bei den Vögeln, ein Kriterium für eine hohe Intelligenz bei Säugetieren? Ist es die Gehirngröße? Das Gehirn einer Maus wiegt gerade einmal 0,3 g, das eines Löwen 260 g, das eines Schimpansen 380 g, das eines afrikanischen Elefanten

4200 g und das eines Pottwals 9000 g. Sicher sind sowohl Elefanten als auch Pottwale nicht die intelligentesten Säugetiere.
Mehr Aussagekraft bzgl. Intelligenz hat das Verhältnis von Körpergewicht zu Gehirngewicht. Mäuse, Hunde, Katzen, Schweine, aber auch Pferde und afrikanische Elefanten, haben nicht nur eine identische Gehirnstruktur, sondern auch dasselbe Verhältnis von Körpergewicht zu Gehirngewicht. Nur einige Schimpansen-Arten und gewisse Delfine (Schwarzdelfine) haben, ebenso wie der Mensch, ein im Verhältnis zu ihrem Körpergewicht, größeres Gehirngewicht. In dieser Darstellung nimmt der Mensch tatsächlich eine kleine Spitzenstellung ein, denn sein Gehirngewicht ist fast achtmal schwerer als es bei einem durchschnittlichen Säugetier seines Gewichtes der Fall ist. Dicht gefolgt von den Delfinen, deren Gehirn ca. 5,3 mal schwerer ist als das eines durchschnittlichen Säugetiers ihrer Gewichtsklasse.
Kann man erklären wie es zu dieser Entwicklung beim Menschen kam?
Die frühen menschenartigen Australopithecinen, zu denen auch die berühmte Lucy gehörte, lebten vor 3 bis 4 Millionen Jahren und hatten ein Gehirnvolumen von ca. 450 cm³, also kaum größer als das eines Schimpansen. Aber erst vor ca. 2 Millionen Jahren setzte eine schnelle Zunahme der Gehirnmasse ein. Der homo habilis, der schon Steinwerkzeuge benutzte, hatte ein Gehirnvolumen von 700 cm³ und beim homo erectus, also vor ca. 1,8 Millionen Jahren, war das Gehirnvolumen bereits auf 800 bis 1000 cm³ angestiegen. Der homo sapiens, der vor ca. 100000 Jahren auftauchte, hatte ein Gehirnvolumen von 1100 bis 1800 cm³. Aber auch innerhalb der Hominiden war der mit dem größten Gehirn nicht der Intelligenteste. Der Neandertaler hatte nämlich ein Gehirnvolumen von

1400 bis 1900 cm³ und übertraf damit den modernen Menschen. Trotzdem ist er vor ca. 26000 Jahren endgültig ausgestorben.

Was man jedoch ganz allgemein feststellen kann ist, dass beim Menschen, im Gegensatz zum allgemeinen Trend innerhalb der Evolution der Hominiden, das Gehirn an Gewicht und Volumen schneller zunahm als der übrige Körper.

Was die Ursache für diese Entwicklung war, kann man noch nicht erklären. Viele für den Menschen typische Merkmale, wie etwa der aufrechte Gang oder der Gebrauch von Werkzeugen, waren schon vorhanden, bevor das Gehirnvolumen signifikant zunahm. Eine wesentliche Voraussetzung für das übermäßige Gehirnwachstum war, dass das Gehirn auch noch nach der Geburt weiterwachsen konnte. Der Mensch ist eigentlich eine Frühgeburt, was notwendig wurde, damit der große Kopf noch durch den Geburtskanal passt. Diese frühe Geburt bedeutet eine stark verlängerte Kindheit und verlangt eine lange elterliche Fürsorge. Dazu mussten sich wiederum stabile soziale und ethische Strukturen ausbilden, was für ein ständig zeugungsfähiges Wesen besonders wichtig war. Für das Kind hatte es den Vorteil, dass es sehr lange Zeit von den Eltern lernen konnte, sowohl das, was für das Überleben notwendig ist, als auch das, was im Umgang mit den Angehörigen der Sippe erforderlich ist.

Was aber ganz klar aus dem bisher Gesagten folgt, ist, dass der kulturelle Aufstieg des Menschen ganz eindeutig im Zusammenhang steht mit der Entwicklung seines Gehirns.

Berücksichtigen wir das, was wir bei der Beschreibung der evolutionären Entwicklung der Arten gelernt haben, dann muss man annehmen, dass der Mensch durch die täglichen Herausforderungen seiner Umwelt und durch seine sozialen Strukturen und Umstände einem ständigen Druck über viele Generationen ausgesetzt war und immer noch ist. Die Lösung der Natur war und ist, das menschliche Gehirn ständig weiter zu verbessern, damit es dem Menschen ermöglicht wird, die Komplexität seiner Umwelt in zunehmendem Maße zu erkennen und gesetzmäßiges Verhalten in seiner Umwelt daraus abzuleiten. Solch eine Vorausschau war ein entscheidender Überlebensvorteil. Denken wir nur an den eiszeitlichen Jäger, der anhand der regelmäßigen Mondzyklen wusste, wann z.B. die Wanderzüge der Mammuts durch sein Jagdrevier kommen werden. Der Zugriff auf proteinreiche Fleischnahrung war eine weitere Notwendigkeit, denn das Gehirn verbraucht sehr viel Energie.

Wir haben bereits bei der evolutionären Entwicklung der Arten gelernt, dass eine wesentliche Notwendigkeit bei der Entwicklung zu immer höherer Komplexität die Kooperation darstellt. Es erschien deshalb plausibel, dass der homo sapiens aufgrund seiner besseren, sozialen Kooperation im Vorteil war gegenüber dem Neandertaler. Der homo sapiens konnte besser das Wissen aus verschiedenen Bereichen und von verschiedenen Personen seiner Sippe kombinieren und damit eine bessere, richtigere Vorstellung von der Wirklichkeit seiner Umgebung erlangen. Dazu gehörten nicht nur das Erkennen von Ursache und Wirkung und die Entwicklung eines Zeitbegriffes, sondern es war auch das Erkennen der eigenen Position in der Sippe. Das einzelne Mitglied der Sippe erkannte sich als ein eigenes Individuum, denn jedes Mitglied der Sippe hatte einen etwas anderen Wissens- und Erfahrungsschatz. Das einzelne Mitglied der Sippe erkannte, dass nur es eine bestimmte Erfahrung gemacht hat und dass dieses Wissen nur es besitzt. Damit setzt eine intellektuelle Entwicklung ein, die dem einzelnen Mitglied der Sippe nicht nur sein Ich, sondern auch seine Position in der

Sippe erkennen ließ. Der einzelne Mensch wurde sich seiner Position in der Sippe bewusst!
Es ist dies die Geburtsstunde des Ichs und des Bewusstseins!
Findet man zu der eben geschilderten Entwicklung auch eine entsprechende anatomische Veränderung in unserem Gehirn? Jetzt, wo wir mit den modernen bildgebenden Verfahren dem lebenden Gehirn bei seiner Arbeit zuschauen können?
Was wir zunächst klarstellen müssen, ist, dass die verschiedenen Entwicklungsstadien des Menschen nur einen geringen Niederschlag in der Gehirnstruktur hinterlassen haben. Vielmehr ist die Struktur unseres Gehirns primär von unserem gesamten, tierischen Stammbaum geprägt. Wir müssen deshalb nach quantitativen Details suchen, was leider mit dem Gebrauch einiger Fremdwörter verbunden ist. Ich werde aber keine anatomische Beschreibung unseres Gehirns geben.
Über die überproportionale Größe unseres Gehirns im Verhältnis zu unserer Körpergröße haben wir schon gesprochen. Da der Neandertaler ein größeres Gehirn besaß als der homo sapiens, kann diese Größe nicht entscheidend gewesen sein für unsere höhere Intelligenz. Auch muss man feststellen, dass Männer mit ihrem, im Vergleich zur Frau, etwas größeren Gehirn auch nicht intelligenter sind.
Viele medizinische und neurowissenschaftliche Untersuchungen ergaben, dass der Neokortex der Sitz der höheren geistigen Fähigkeiten ist. Im Gegensatz zum Hippocampus (im Inneren der Großhirnrinde liegende, zentrale Schaltstelle, die maßgeblich zur Gedächtnisbildung beiträgt), der Riechrinde und dem limbischen Kortex (beteiligt bei Emotionen, Gedächtnisbildung und räumlicher Orientierung) besitzt der Neokortex einen sechsschichtigen Aufbau. Solch

eine Struktur findet sich nur bei den Säugetieren. Der stirnseitige Teil des Neokortex, auch präfrontaler Kortex genannt, wird als Sitz von Intelligenz, Persönlichkeit, Vernunft und Handlungsplanung angesehen. Vergleicht man die Größe/Fläche des Neokortex und speziell des präfrontalen Kortex mit dem von Walen, Delfinen oder Elefanten, so stellt man wieder fest, dass die Fläche z.B. beim Wal zwar größer ist, aber einfach deswegen, weil das Gehirn des Wals größer ist als unser Gehirn. D.h., wir besitzen keinen überproportional großen Neokortex.
Worauf kommt es dann an?
Das Gehirn besteht aus Nervenzellen, den Neuronen, sowie aus Gliazellen, die u.a. auch für die Versorgung der Neurone wichtig sind. Die Neurone, bestehend aus einem Zellkörper mit Verästelungen und einem langen Fortsatz (Axon, Nerv), sind miteinander vernetzt. D.h., es ist nicht nur ein Neuron mit einem anderen Neuron verbunden, sondern ein Neuron ist mit vielen anderen Neuronen, aus ganz unterschiedlichen Bereichen des Gehirns, verbunden. Man bezeichnet solch eine Struktur als ein neuronales Netzwerk. Je mehr Neuronen ein Gehirn besitzt, umso dichter kann die Vernetzung sein, d.h., umso leistungsfähiger sind die neuronalen Netze bzgl. der Kombination und Speicherung von Information. Wenn wir wahrnehmen, erinnern, planen oder denken, kommt es auf die Leistungsfähigkeit der neuronalen Netze an. Größere Gehirne besitzen nun nicht automatisch auch mehr Neurone. Man hat festgestellt, dass die Zahl der Neuronen pro Volumeneinheit sinkt, je größer der Kortex ist. Der Grund dafür ist die aufwendige Versorgung der Neuronen. Bei großen Gehirnen ist der Anteil der Gliazellen und der Blutgefäße in der Rinde besonders hoch. Die Dicke des Kortex nimmt deshalb zu (Maus: 0,8 mm; Mensch: 3 mm), aber nicht die Dichte der Neuronen.

Berechnet man bei Säugetieren aus dem Volumen des Kortex und dessen Neuronen Dichte die Gesamtzahl der in der Großhirnrinde enthaltenen Neuronen, dann stellt man fest, dass der Mensch mit ca. 11,5 Milliarden die meisten Kortex Neuronen besitzt, aber eben nur ein halbe Milliarde Neuronen mehr als die Wale oder Elefanten. D.h., auch diese kleine Differenz reicht nicht aus, um den Unterschied in der Intelligenz zwischen Tier und Mensch zu erklären.

Wir müssen deshalb noch nach weiteren Faktoren suchen, die die Leistungsfähigkeit der neuronalen Netze beeinflussen. In Frage kommen dafür die Verknüpfungsdichte, der Abstand zwischen den Nervenzellen und die Leitungsgeschwindigkeiten der Nervenfortsätze wie z.B. der Axone und der Dendriten. Die Axone sind fadenförmige Auswüchse der Nervenzellen an deren Enden sich die Synapsen befinden. Die Synapsen bilden einen Spalt zum Axon der nächsten Nervenzelle. Die Signalübertragung über diesen Spalt hinweg erfolgt nicht wie in der Nervenzelle über ein elektrisches Signal, sondern über eine chemische Substanz. Wird eine Synapse oft angeregt, weil wir z.B. etwas immer wieder sehen oder lernen, dann bildet sich an den Synapsen ein dornenförmiger Auswuchs, ein sogenannter Dendrit, durch den die Übertragungsgeschwindigkeit an der Synapse erhöht und intensiviert wird. Wird dieselbe Synapse über längere Zeit immer wieder angeregt, dann kann es zur Ausbildung mehrerer Dendriten kommen. Wir haben dann etwas gelernt und im Langzeitgedächtnis abgespeichert! Die Verknüpfungsdichte liegt beim Menschen bei ca. 30000, d.h., eine Nervenzelle ist mit ca. 30000 anderen Nervenzellen, aus den verschiedensten Gebieten des Gehirns, verbunden. Auch bzgl. dieser Zahl unterscheiden wir uns nicht wesentliche vom Wal oder Elefanten. Aber beim

Menschen sind die Nervenzellfortsätze, durch die von den Gliazellen gebildeten Isolationsschichten (die sogenannten Myelinscheiden) dicker als bei Walen oder Elefanten. Aufgrund dieser besseren „Kabelisolation" leitet unser Gehirn die Signale schneller und deutlicher als z.B. beim Wal. Alle die eben genannten Befunde ergeben eine bessere und schnellere Funktion unseres Gehirns im Vergleich zu unseren tierischen Konkurrenten.
Macht dieses quantitative Mehr schon den Unterschied in der Intelligenz aus?
Es gibt jedoch eine anatomische Besonderheit im Gehirn, die sich nur beim Menschen findet, das sogenannte Broca-Areal im linken Stirnhirn. Obwohl Tiere, wie auch Vögel über eine komplizierte, innerartliche Kommunikation verfügen, schaffen es die Schimpansen auch nach jahrelangem Training nicht, eine über Sprache, Gesten oder Symbole vermittelte Information von mehr als drei Worten zu verstehen, geschweige denn zu nutzen. Auch die intelligentesten Tiere schaffen es nicht, über das sprachliche Niveau eines zweieinhalb bis dreijährigen Kindes hinauszukommen. Beim Menschen hingegen beginnt erst in diesem Alter das grammatikalische Können und der Wortschatz explodiert geradezu. Es ist genau die Zeit, in der auch das Broca-Areal eine sehr hohe Vernetzung mit anderen Bereichen des Gehirns erreicht. Ein wesentlicher Aspekt erscheint mir dabei, dass sich in diesem Areal auch sogenannte Echoneuronen befinden. Diese Nervenzellen gehören zu den Spiegelneuronen, die automatisch auf bestimmte Signale von anderen Menschen reagieren und uns besonders zu einem guten Nachahmen befähigen. Man kann sich vorstellen, dass dies gerade beim Erlernen der Muttersprache von Bedeutung ist. Das Kind kann nicht nur die Mimik und Mundbewegung der Mutter genau nachahmen, sondern

auch den Klang der Sprache. Beim Affen z.B. enthält die Region im Gehirn, die für die Produktion von Lauten zuständig ist, zwar auch Spiegelneuronen, aber diese werden nur zum Nachahmen von Bewegungen aktiviert und nicht zur Imitation von Lauten.

Die Entwicklung unserer grammatisch-syntaktischen Sprache setzte vor ca. 90000 Jahren ein. Es ist damit ein sehr junges Resultat der Evolution. Dieser Schritt ist aus Sicht der Evolution relativ klein, da er nur an verschiedenen Stellen eine quantitative Verbesserung zur Folge hatte. In Verbindung mit Sprache und der Entstehung der Schrift hat er aber unsere intellektuelle Kapazität enorm gesteigert. Es war der Auslöser für die bereits im vorigen Kapitel erwähnte kulturelle Evolution, eine Evolution die außerhalb der DNA stattfindet und die der Beschleuniger für unseren Intelligenzzuwachs war und noch ist.

Mich erinnert diese Entwicklung an die Entwicklung unserer Computer. Ich kann mich noch an die ersten Computerspiele erinnern, bei denen es nur möglich war, einen sich bewegenden Kreis (Ball) durch Verschieben eines Striches (Wand) immer wieder zurückzuspielen. Es spielte sich alles nur in zwei Dimensionen ab. Heute haben wir dreidimensionale Computerspiele, die in ihrer Qualität kaum mehr von einem Film, gespielt von echten Personen, zu unterscheiden sind. Auch dieser Fortschritt beruht "nur" auf einer quantitativen Verbesserung der verschiedenen Komponenten des Computers.

Nach heutigem Wissenstand müssen wir annehmen, dass mehrere quantitative Verbesserungen in unserem Gehirn eine außerhalb des Gehirns stattfindende, kulturelle Evolution zur Folge hatten. Dies führte letztlich dazu, dass nur wir Menschen ein reflektorisches Bewusstsein besitzen, das uns unsere Endlichkeit erkennen lässt, das uns aber auch ermöglicht, über unsere gegenwärtige Wirklichkeit hinaus zu denken und

uns Szenarien vorstellen lässt, die weit außerhalb unseres gegenwärtigen Erfahrungsbereiches liegen.
Eine, sicher qualitative Verbesserung wäre, wenn wir Menschen noch besser mit komplexen, vernetzten Vorgängen umgehen könnten. Leider sind viele Vorgänge auf dieser Welt nicht auf ein einfaches Ja-Nein Szenario zurückzuführen. Wir kämpfen deshalb so um das Verständnis z.B. bei der Umstellung auf alternative Energien bzw. beim Klimawandel, da hier Ursache und Wirkung nicht direkt aufeinander folgen, sondern sich über vernetzte Abläufe verschiedenste, oft widersprüchliche Konsequenzen ergeben. Eine Argumentation, sei sie auch noch so richtig, die mehr als drei Gedankenfolgen benötigt, wird meistens nicht verstanden bzw. ignoriert.
Hier hätte die Evolution noch ein riesiges Entwicklungspotential für uns Menschen vor sich!
So aber handeln wir meistens wie Tiere, die z.B. bei ihren Jagd-Strategien auch gemäß dem direkten Ursache und Wirkungs-Prinzip handeln.

5.1 Funktionelle Eigenschaften unseres Gehirns

Wie wir schon gelernt haben besitzen wir nicht nur ein Gehirn, sondern mehrere, die aus den verschiedenen, evolutionären Entwicklungsstadien stammen. Die Aufgabe der verschiedenen Gehirnareale ist, eine immer bessere Vermittlung zwischen der Umwelt und dem Individuum zu erreichen. Das primäre Ziel ist dabei, die Überlebenschancen des Individuums zu erhöhen. Unser Gehirn fühlt sich quasi verantwortlich, uns möglichst unbeschadet durch die Wirren des Lebens zu steuern. Dazu sind mehrere, völlig verschiedene Aufgabenbereiche zu erfüllen /23/.
1) Kontrolle und Regelung der Körperfunktionen,
2) Verarbeitung und Bewertung der Informationen, die

uns über unsere Sensorik erreichen,
2) Spontanes und/oder bewusstes Reagieren auf Reize aus der Umwelt,
3) Behauptung und Verbesserung unserer Position im sozialen Umfeld, durch Erkennen des eigenen Ichs,
4) Assoziationen zu Informationen und Erkennen von Gesetzmäßigkeiten,
5) Verbesserung unserer Überlebenschancen durch Anpassung bzw. Innovationen,
6) Verbesserung unserer Überlebenschancen durch bewusstes Herbeiführen einer Situation, die uns einen Handlungsvorteil eröffnet.

Könnten all diese verschiedenartigen Aufgaben auch von einem Computer erledigt werden?
Was ist der Unterschied zwischen unserem Gehirn und einem Computer?
Computer speichern und verarbeiten in erster Linie Informationen, und dies noch dazu wesentlich schneller als unser Gehirn. Die besten Schachcomputer können sich in der Sekunde ca. 200 Millionen Züge "überlegen", während der Schachweltmeister Kasparov in derselben Zeit nur auf zwei bis drei Züge kommt. Heutige Rechner schaffen pro Sekunde bis zu 250 Trillionen Grundoperationen und ihre Speicherkapazität ist unvorstellbar groß. Ein einziger Computer kann den Inhalt einer großen Bibliothek abspeichern und alle Texte lassen sich schnell und fehlerfrei wieder abrufen. Dabei ist der Computer von Faktoren wie Motivation, Aufmerksamkeit und momentaner Stimmungslage unabhängig. Beim Menschen sind dies Faktoren, die oft zu einer erhöhten Fehlerrate in seinem Handeln führen.
Bei einem Computer gibt es eine Zentrale, den Prozessor, der die Rechenoperationen steuert. Die "Intelligenz" des Rechners besteht darin, wieviel Intelligenz ihm der Programmierer über die Software

mitgegeben hat, um eine bestimmte Rechenoperation auszuführen. Meistens sind die Rechenoperationen sehr einfach und der Rechner kann nur sehr schnell ausprobieren, mit welchen Variablen sich eine optimale Lösung ergibt. Damit ist es möglich, den Computer überall dort einzusetzen, wo es für ein Problem einen Algorithmus gibt, d.h. eine Gesetzmäßigkeit für einen bestimmten Vorgang. Wesentlich dabei ist, dass die heutigen Computer einen Rechenschritt nach dem anderen ausführen und nicht viele Rechenschritte gleichzeitig bearbeiten.

Ein weiteres, und in Zukunft immer größer werdendes Problem unserer Computertechnik wird sein, die Wärme, die bei der hohen Verdrahtungsdichte der integrierten Schaltungen entsteht, abzuführen. Schon heute müssen z.B. die Grafikkarten in einem PC extra gekühlt werden. Die Stromdichten in den Aluminium-Leitbahnen sind so hoch, dass ein Kupferdraht durchschmelzen würde. Nur aufgrund des guten Wärmekontakts zur Silizium Unterlage und deren gute Wärmeleitfähigkeit konnte man das Durchschmelzen/Unterbrechung der Leitbahnen bis jetzt hinauszögern. Das bisherige Schaltungskonzept ist, immer schnellere Einzelchip-Prozessoren herzustellen, die dabei immer heißer wurden. Der Ausweg für die Zukunft ist, immer mehr einzelne Prozessoren, die parallel Teilprobleme bearbeiten, auf einem Chip unterzubringen. Man hat vom Gehirn gelernt, dass diese Parallelisierung der Datenverarbeitung Energie spart und somit auch weniger Wärme erzeugt. Diese Maßnahme allein, wird in Zukunft auch nicht ausreichen, um das Erwärmungsproblem in den Griff zu bekommen.

Was erzeugt noch Wärme bei einem Rechenvorgang?
Die derzeitige Computerlogik beruht auf einem nicht mehr rückgängig zu machenden Rechenablauf, d.h., die Ausgangsdaten für einen Teilschritt werden gelöscht, da

nur das Ergebnis dieses Rechenschrittes weiter verwertet wird. Diese Zwischenergebnisse würden ja Speicherplatz benötigen, der bisher immer kostbar war. Das Löschen dieser Zwischenergebnisse, also **das Löschen von "Information" verbraucht Energie** und erzeugt Wärme. Immer wenn ein Bit gelöscht werden soll, muss diese Information irgendwohin. Nach den Gesetzen der Thermodynamik wird das gelöschte Bit an die Umgebung abgegeben und erhöht die Entropie. Somit steigt die Umgebungstemperatur, denn Temperatur ist ein Maß für die Entropie!

Wir wissen, dass unser Gehirn zwar viel Energie benötigt, aber kaum Wärme erzeugt. Wie könnte man sich das erklären?

Unser Gehirn könnte in etwa so organisiert sein, dass es parallel "rechnet" und keine Zwischenergebnisse löscht. Die Vorstellung ist, dass, wenn man alle Zwischenergebnisse behält, man am Ende den ganzen Rechenvorgang auch wieder zurückspulen könnte, um wieder beim Ausgangszustand zu landen. Dabei würde keine Energie verbraucht und somit auch keine Wärme/Entropie erzeugt werden, aber trotzdem hätte man ein Ergebnis errechnet. Dies ist eine Vorstellung, die mit der Quantentheorie verträglich ist, denn auch Zwischenergebnisse sind eine Art von Möglichkeiten, also Ergebnisse, deren Löschen einen Informationsverlust darstellen würde.

Natürlich hat unser Gehirn auch ganz klassische Maßnahmen ergriffen, um möglichst schnell und verlustarm zu arbeiten. Eine Maßnahme von der wir bereits oben gehört haben war sicher, dass die Nervenbahnen im Gehirn durch die Gliazellen gut voneinander isoliert wurden, so dass elektrische Verluste und Verzerrungen des Signals, durch "Übersprechen" von einer Bahn zur anderen, vermieden werden. Dabei war das Erreichen einer größeren Schnelligkeit sicher im

Vordergrund gestanden, da sich das Erwärmungsproblem bei der Funktionsweise unseres Gehirns im Vergleich zur Silizium-Technologie nicht stellt.

Was passiert, wenn wir etwas vergessen? Wird die Information wirklich gelöscht oder geht nur der Zugriff verloren, weil wir die Information mit keiner, wichtigeren Information mehr in Verbindung bringen?

Wie letztlich unser Gehirn funktioniert dafür gibt es z.Z. keine allgemein anerkannte Antwort. Das Problem das sich stellt ist, dass unser Gehirn eine für uns noch unvorstellbare Komplexität aufweist, von deren Möglichkeiten wir gerade erst eine Ahnung bekommen. Ich werde deshalb, im Folgenden, nur Teilaspekte der Funktionsweise unseres Gehirns schildern können. Klar ist aber, dass unser Gehirn sehr zielgerichtet arbeitet, in dem Sinne, das Überleben des ihm "anvertrauten" Lebewesens zu gewährleisten.

Während beim Computer eine Information über eine vorgegebene Adresse abgerufen wird, kommen wir über Assoziationen zu einer Information. Das aber beinhaltet, dass wir nicht nur eine nüchterne Information auf eine einfache Frage bekommen, sondern wir erhalten mit dieser Assoziation eine Menge sogenannter Background Informationen. Wir erhalten nicht nur die Information, sondern auch eine Bewertung dieser Information aufgrund eigener oder auch vermittelter Erfahrungen.

Information hat für uns immer gleichzeitig auch eine Bedeutung!

Was heißt das? Hören wir z.B. in den Nachrichten: Ein Flugzeug ist abgestürzt, dann registrieren wir diese Information, aber gleichzeitig kommen uns Assoziationen über das Leid der Verunglückten und der Angehörigen, über Umweltschäden oder wirtschaftliche Folgen. Die Art der Assoziationen ist dabei von Mensch zu Mensch verschieden, je nachdem welche individuellen Erlebnisse ein Mensch in seinem Leben hatte und mit welchen Wertmaßstäben er erzogen wurde bzw. welche er sich angeeignet hat.

Wir sind jetzt bereits bei einer höheren Funktionsweise unseres Gehirns angelangt, die uns über die reine Informationsverarbeitung hinaus geführt hat. Es war mir aber wichtig, dass uns der Begriff Bedeutung klar wurde, bevor wir zurückgehen zu den fundamentalen Funktionsebenen unseres Gehirns.

5.2 Kontrolle und Regelung der Körperfunktionen

Unser Körper ist ein sehr komplexes System, vergleichbar z.B. mit dem weltweiten Flugverkehr oder Schienen/Straßensystem oder einer komplexen Industrieanlage/Kraftwerk.

Solche komplexen Anlagen werden von einer Zentrale überwacht. Zusätzlich gibt es noch eine "Intelligenz" vor Ort, die häufige oder einfachere Vorgänge regelt. In der Zentrale, also dem Gehirn, existiert ein virtuelles Bild des gesamten, "gesunden" Systems, so wie es das Gehirn im Laufe der ersten Lebensjahre über seinen Körper gelernt und abgespeichert hat. Dieses komplexe "Schaltbild" unseres Körpers, man könnte auch sagen, eines virtuellen Körpers, enthält alle Sollwerte der verschiedenen Regelgrößen sowie den momentanen Wert dieser Größen bzw. deren Abweichungen vom Sollwert. Das bedeutet aber auch, dass z.B. beim Verlust eines Gliedmaßes trotzdem noch die "Verdrahtung" zum Gehirn hin existiert einschließlich der Sollwerte, so dass das Gehirn immer weiter versucht, z.B. die Bewegung des fehlenden Armes zu steuern bzw. noch Schmerzmeldungen bzgl. Kälte oder Wärme von Nerven empfängt. Man spricht dann vom sogenannten Phantomschmerz, denn im Kontroll- und Schaltschema unseres Gehirns existiert immer noch das

fehlende Glied. Es gibt dazu ein sehr eindrucksvolles Experiment:
Die Versuchspersonen verstecken den rechten Arm unter dem Tisch und der linke Arm, der auf dem Tisch liegt, ist durch eine Sichtblende verdeckt. Auf dem Tisch liegt, für die Versuchspersonen, gut sichtbar, eine künstliche, linke Hand. Nun wird die künstliche Hand und die verdeckte linke Hand mit einem Stäbchen rhythmisch gestreichelt. Nach ca. 60 bis 90 Sekunden fühlten die Probanden ein Kribbeln in der Schulter und plötzlich erleben sie die Gummihand als ihre eigene Hand, ja sogar als den kompletten Arm. Sie fühlen auch das rhythmische Streicheln in der künstlichen Hand, die sie jetzt als ihre eigene Hand wahrnehmen. Der optische Eindruck der künstlichen Hand, kombiniert mit dem Reiz des Streichelns durch das Stäbchen aktiviert im Gehirn genau die Bereiche, die auch bei der eigenen Hand aktiviert werden. Der starke optische Reiz bewirkt, dass das Empfinden auf den künstlichen Arm überspringt. Im Gehirn werden durch den optischen Reiz vom künstlichen Arm genau die Bereiche aktiviert, wie wenn wir den eigenen, echten Arm sehen würden. Gleichzeitig wird der gefühlte Reiz vom verdeckten, echten Arm mit dem sichtbaren Reiz des Streichelns am künstlichen Arm ans Gehirn weitergeleitet, wodurch auch die entsprechenden Gehirnareale aktiviert werden. Das Gehirn führt die beiden Reize in erlernter Manier zusammen, wobei als Ergebnis der künstliche Arm als der eigene Arm empfunden wird.
Weicht eine Regelgröße, z.B. die Körpertemperatur aufgrund von Fieber zu stark vom Sollwert ab, dann muss meistens nicht nur an einer Regelgröße gedreht werden, sondern je nach Verflechtung mit anderen Größen, muss ein eigenes Regelprogramm aktiviert werden.

Da sich unser Gehirn ein quasi virtuelles Abbild von unserem Körper erarbeitet hat und somit eine Ahnung hat, wie die verschiedenen Körperfunktionen zusammenhängen, kann unser Gehirn Regelprozesse aktivieren, die unseren Körper wieder in den Sollzustanden bringen.
Man hat nun vor kurzem gelernt, dass dieser Sollzustand nicht starr ist, sondern dass sich dieser Sollzustand im Laufe des Lebens auch ändern kann. Wurde z.B. das Bein eines Patienten durch einen Unfall gelähmt, dann wird nach einiger Zeit dieser Zustand als der Sollzustand eingespeichert. Man hat dies bei Patienten festgestellt, deren gelähmtes Bein später amputiert werden musste. Die Patienten haben bestätigt, dass sie immer noch das "Phantomgefühl" eines gelähmten Beins hatten.
Unsere Steuerzentrale Gehirn wird bei seiner Arbeit auch von dezentralen Steuereinheiten unterstützt. So befinden sich z.B. auf dem Herzen Neuronen, quasi ein Herzgehirn, so wie es auch ein Bauchgehirn gibt!
Die routinemäßigen Abläufe wie z.B. Kontrolle und Regelung des Herzschlages, des Gleichgewichts, der Verdauung, des Schlafes etc. werden unbewusst durch das zentrale Nervensystem oder durch das Stammhirn gesteuert. Nur wenn ein außerordentlicher, zusätzlicher Reiz kommt, wie z.B. eine Gefahrensituation, dann werden andere Regelgrößen oder Programme aktiviert, wie z.B. Erhöhung der Herzfrequenz, Adrenalinausstoß zur eventuellen Schmerzlinderung bei Verletzungen und Erhöhung des Handschweißes, um ein Werkzeug oder eine Waffe besser halten zu können.
Solche Programme sind zum Teil angeboren, andere Programme benötigen noch Informationen aus der Umwelt des Menschen, um aktiviert zu werden. Auch die Sollwerte für gewisse Körperfunktionen werden erst nach der Geburt festgelegt, je nachdem in welcher Umgebung und unter welchen Umständen das Kind

aufwächst (siehe die Ergebnisse aus der Untersuchung der Menschen von Överkalix, Kap.3.1, S. 17). Aufgrund solcher Programme besitzt der Körper nicht nur die Fähigkeit sich an eine sich verändernde Umwelt anzupassen, sondern auch die Fähigkeit zur Selbstheilung bei Verletzungen und Krankheiten. Denn einmal eingespeichert, wird unsere Steuerungszentrale alles daran setzen, die einprogrammierten Sollwerte wieder zu erreichen.

Ein Problem bei diesem System ist, dass z.B. bei einer Krankheit eines Kindes, zu einem Zeitpunkt, zu dem ein bestimmter Sollwert im Gehirn festgelegt wird, ein falscher Wert als Sollwert abgespeichert wird. Dadurch kommt es zu Fehlsteuerungen, die in den Folgejahren nur durch langwieriges, bewusstes Gegensteuern, ev. unterstützt durch Medikamente, beseitigt werden können. Es ist äußerst schwierig solch eine Programmierung des Gehirns nachträglich zu ändern.

Besonders anfällig für solche Fehler sind Verhaltensweisen von Menschen. Wird ein Kind z.B. von den Eltern oft geschlagen, dann wird ein Kind die Verhaltensweise "Schlagen" in sein Standardrepertoire für Verhalten bei Problemen übernehmen.

Man kann ganz generell sagen, dass die Prägungen in den ersten Lebensjahren eines Kindes grundlegend sind für das gesamte Leben eines Menschen. Es sind Informationen aus der Umwelt des Kindes, die später kaum mehr hinterfragt werden. Diese Informationen aus der frühen Kindheit werden vom emotionalen, limbischen System unseres Gehirns übernommen und dienen u.a. dazu, z.B. in einer Gefahrensituation intuitiv und damit wesentlich schneller als bei einem bewussten Handeln, reagieren zu können.

Die Schnelligkeit einer rein emotional gesteuerten Reaktion wurde bei Boxern untersucht. Die Boxweltmeisterin im Federgewicht, Susi Kentikian, ist mit

150 tausendstel Sekunden (msec) die z.Z. schnellste Boxerin der Welt. Muhammed Ali war bereits mit 180 – 200 msec ebenfalls sehr schnell. Diese hohe Schnelligkeit bewirkt, dass der Gegner den Schlag gar nicht kommen sieht (eine Fliege schon, siehe oben). Nur wenn der Schlag reflexartig geführt wird und die Boxerin nicht überlegt, wohin sie schlagen muss, ist diese hohe Geschwindigkeit zu erreichen. Bei bewusstem Handeln kommen wir auf Reaktionszeiten von einigen hundertstel bis zu einer zehntel Sekunde, d.h., eine emotionale Reaktion ist etwa zehnmal schneller als eine bewusste Reaktion. Dieser Zeitunterschied kann aber bei einem Kampf oder bei der Jagd schon über Leben oder Tod entscheiden.

Wichtig ist noch zu bemerken, dass bei einer emotional gesteuerten Reaktion, die bewussten Reaktionsweisen blockiert werden. Man kann dies sehr gut bei Sportlern beobachten. Das Schießen beim Biathlon z.B. ist ein höchst komplexer Bewegungsablauf, bei dem auch noch so grundlegende Körperfunktionen wie die Atmung und der Puls koordiniert werden müssen. Nur durch intensivstes Training ist zu erreichen, diesen Bewegungsablauf im emotionalen System abzuspeichern. Kann der Sportler dieses Programm im Wettkampf ungestört abrufen, hat er sicher eine hohe Trefferquote. In dem Moment wo der Sportler zu denken beginnt, z.B. jetzt muss ich unbedingt treffen, damit ich meine Führungsposition behalte, steigt die Fehlerquote sofort an.

Das gerade besprochene Abspeichern von Informationen aus der Umwelt kann man ganz einfach auch als Lernen bezeichnen.

5.3 Was wissen wir über das Lernen?

Das Lernen erfolgt in mehreren Stufen. Nehmen wir eine klassische Situation an: Ein Kind sieht, wie die Mutter einen Kuchen bäckt. Der Kuchen wird in das Backrohr eines Elektroofens geschoben und durch die Glasscheibe kann das Kind sehen wie der Kuchen größer wird, er fängt an zu riechen und schließlich wird er sogar braun. Die Mutter warnt das Kind eindringlich nicht an die Glasscheibe zu fassen, denn diese ist heiß. Es ist sehr schmerzhaft, wenn man die Glasscheibe berührt.

Das Kind sieht zunächst den Ofen, d.h., die am Ofen reflektierten, elektromagnetischen Strahlen (Licht) gelangen in das Auge des Kindes und auf der Netzhaut des Kindes entsteht, aufgrund des optischen Systems des Auges (Pupille), ein seitenverkehrtes Bild des Ofens. Auf der Netzhaut befinden sich zwei verschiedene Arten von Zellen, die Stäbchenzellen, sie sind sehr lichtempfindlich, während die Zapfenzellen weniger lichtempfindlich sind, aber dafür die unterschiedlichen Farben erkennen. Durch das Auftreffen der Lichtquanten auf diese Zellen werden elektrische Impulse in den Zellen erzeugt, die vom Sehnerv, der sich etwa in der Mitte der Netzhaut befindet (blinder Fleck), an das Gehirn weitergeleitet werden. D.h., ein Bild, das man auf der Netzhaut noch erkennen kann, wird in eine Folge von elektrischen Impulsen umgewandelt. Diese Impulse erzeugen ein dreidimensionales Muster in unserem neuronalen Netzwerk, das das Objekt Ofen repräsentiert. Da das Kind diesen Ofen sehr oft und immer wieder sieht, d.h., das gespeicherte Muster wird oft abgefragt, wird dieses Muster ins Langzeitgedächtnis übertragen und dort ev. durch das Wachsen eines Dornes an den Synapsen besonders nachdrücklich gespeichert. Nur in dieser abstrakten Form kann das

Gehirn das Bild weiter verarbeiten, so dass wir auf einem "inneren Bildschirm" das Bild des Ofens sehen. Es ist genial, dass dieses innere Bild mit der Wirklichkeit des Ofens übereinstimmt.
Bei einem digitalen Fotoapparat sehen wir auch das Bild, das wir aufnehmen möchten, zunächst auf dem Bildschirm (entspricht der Netzhaut).
Dieses Bild wird ebenfalls in viele elektrische Impulse umgewandelt und schließlich als abstrakter 1/0 (digital) Code auf der Speicherkarte abgespeichert. In dieser Form kann das Bild auch weiter bearbeitet werden, z.B. kann ein bestimmter Ausschnitt ausgewählt oder ein Teil vergrößert werden. Was der Fotoapparat nicht kann, er kann sein gespeichertes Bild nicht bewusst sehen. Wie es unser Gehirn schafft, dass wir den Ofen auf einer Art innerer Leinwand wieder als Bild sehen, ist noch nicht bekannt.
Was unser Gehirn noch weiter macht ist, dass das Bild des Ofens auf typische Merkmale hin analysiert wird. Das sind Formmerkmale, aber auch andere Merkmale wie z.B. Wärme, Flamme, Farbe oder Geruch. Der Sinn davon ist, einen Ofen generell zu erkennen, auch wenn es ein anderer Ofen ist, als der, den das Kind zu Hause kennengelernt hat. Die verschiedenen Merkmale werden in verschiedenen Bereichen des Gehirns abgespeichert.
Sieht das Kind später einen anderen Elektroofen oder einen Kohleherd, einen Kachelofen oder einen Holzgrill, dann schafft es das Gehirn, durch Vergleich des neuen Musters mit den verschiedenen, unter Ofen, abgespeicherten Mustern, dem Kind die Information zu vermitteln, dass es sich ebenfalls um einen Ofen handeln könnte (Assoziation). Je mehr Muster abgespeichert sind, umso sicherer wird die Auskunft des Gehirns sein.
Nehmen wir nun an, dass das Kind neugierig ist und mit dem Begriff heiß noch nichts anfangen kann. Das Kind

wird an die heiße Glasscheibe des Backrohrs fassen. In diesem Moment lernt das Kind, was die Mutter mit dem Wort heiß gemeint hat, es lernt den speziellen Schmerz einer Verbrennung kennen. Es lernt ev. wie man durch schnelles Kühlen den Schmerz lindern kann und es wird im neuronalen Netzwerk eine Verbindung geschaffen zwischen dem Begriff heiß und z.B. den Formmerkmalen eines Ofens und den ganz persönlichen Empfindungen von Schmerz. Ev. wird an bestimmten Synapsen ein zweiter Dorn ausgebildet, damit das Kind für sein gesamtes Leben weiß, dass man sich an einem Ofen brennen kann. Andererseits wird das Kind aber auch abspeichern, dass man mit einem Ofen einen Kuchen backen kann, der nicht nur gut riecht, sondern auch gut schmeckt. Somit ist der einfache Begriff Ofen bereits mit vielen, völlig verschiedenen Merkmalen versehen worden, die ganz unterschiedliche Lebensbereiche berühren. All diese Informationen werden vom Gehirn aktiviert, wenn das Kind auch später das Wort Ofen hört, einen Ofen sieht oder einen Schmerz empfindet. Der Ofen hat für das Kind eine Bedeutung bekommen!
Nachhaltiges Lernen bedeutet also, dass sich im neuronalen Netzwerk dreidimensionale Strukturen bilden. Diese Strukturen bilden sich umso leichter, je mehr Interesse/Bedeutung das zu Lernende für den einzelnen besitzt und ob es bereits ähnliche Strukturen im Gehirn gibt, an die das Neue andocken kann. Wenn es einem schwer fällt, sich etwas zu merken, weil es etwas ganz Neues ist, oder weil es ein abstrakter Begriff oder eine Zahl ist, dann hilft immer der Trick, das Neue mit einem bekannten Begriff zu verknüpfen (Eselsbrücke), um es sich merken zu können. Nachhaltig wird das Lernen aber erst dann, wenn das Neue immer wieder abgerufen wird und mit der Zeit mit den bereits vorhandenen Strukturen, d.h. mit dem bereits vorhandenen Wissen, verknüpft wird. Man stellt sich z.Z.

vor, dass das Gehirn eine Information in eine dreidimensionale Raumstruktur transformiert und praktisch sein gesamtes neuronales Netzwerk daraufhin überprüfen kann, ob sich solch eine Struktur oder eine ähnliche bereits im Netzwerk befindet.

Unter dem Wort Ofen sind bei dem Kind in vielen verschiedenen Bereichen des Gehirns Informationen gespeichert worden, die sowohl technischer Natur sind, als auch das Gefühlsleben betreffen. Wann immer, später im Leben, das Kind, oft in ganz anderen Situationen, mit einer dieser Informationen konfrontiert wird, wird die Assoziation zu Ofen sofort wieder aktuell.

Denken sie an ein Auto. Ein kleines Kind wird ein Auto auch dann erkennen, wenn es eine ganz andere Form oder Farbe hat, als das Auto seiner Eltern. Ein Kind wird auch anhand einer ganz primitiven Zeichnung der Seitenansicht eines Autos, dieses als Auto erkennen. Das ist der große Unterschied zu einem Computer. Ein Computer wird nur dann ein Auto erkennen, wenn das Bild charakteristisch mit seinem eingespeicherten Bild eines Autos übereinstimmt.

Kinder wollen lernen, besonders alles das, was die Erwachsenen können. Das Lernen fällt ihnen leicht, solange sie an etwas Interesse haben. Das Gehirn belohnt uns für das Lernen, indem es Dopamin, ein Glückshormon, ausschüttet. Das eben Gelernte wird mit etwas positivem in Verbindung gebracht und damit leichter im neuronalen Netzwerk verankert. Ein Kind merkt sich ohne viel Mühe die Namen und Gesichter von hunderten von Fußballspielern oder Autos bzw. Motorradmarken. Dieses leichte Lernen muss gefördert werden, denn damit werden unbewusst neuronale Vernetzungen zu ganz anderen Dingen (z.B. Fairness, Leistung, Erfolg, Verbrennungsmotor etc.) erzeugt, die später, wenn das Lernen nicht immer Spaß macht, als Andockstellen dienen, so dass das Lernen effektiver ist.

Man muss weiter bedenken, dass unser Gehirn schon in früher Jugend damit beginnt, nicht benutzte Vernetzungen abzubauen. Es kostet einfach Energie, diese neuronalen Vernetzungen, wofür ja chemische Verbindungen produziert und ständig "gewartet" werden müssen, aufrecht zu erhalten. Die gute Nachricht, ein Ergebnis der neueren Gehirnforschung, jedoch ist, dass auch bis ins hohe Alter neue neuronale Verbindungen geschaffen werden können. Das Gehirn passt sich ständig an den momentanen Bedarf/Herausforderung an. Allerdings ist das Lernen im Alter entsprechend mühsam und nur durch ständiges Wiederholen kann man das Gehirn davon überzeugen, dass das Neue jetzt wirklich wichtig ist und es sich rentiert, eine dauerhafte neuronale Vernetzung zu fixieren.

Im Normalfall wird das Gehirn eine neue Information zunächst im Kurzzeitgedächtnis abspeichern. Darin ist die Information für Sekunden bis zu einigen Minuten gespeichert. Ist die Information für uns wichtig und hat sie Bezug zu schon abgespeicherten Informationen, dann durchläuft die Information gewisse "Reifungsprozesse" (Aktivierung von bestimmten Proteinen durch ein Gen), was manchmal auch Jahre dauern kann, bevor die Information mittels des Mandelkerns schließlich im Langzeitgedächtnis gespeichert wird. Um eine Information im Langzeitgedächtnis zu speichern, wird an den betroffenen Synapsen eine spezifische, chemische Kettenreaktion ausgelöst. Diejenige chemische Substanz, die bei der einmaligen Benützung einer Synapse zunächst gebildet wird, kann dann unter Mitwirkung von Proteinen und einem einfachen Gen eine dauerhafte, chemische Verfestigung an der Synapse bewirken. Damit ist dann in unserem Gehirn ein dauerhaftes, räumliches Vernetzungsmuster entstanden, markiert durch gewisse chemische Verbindungen an den

Synapsen. Eine Information ist in ein dauerhaftes, räumliches, chemisches Muster umgewandelt worden.
Das Langzeitgedächtnis ist aber auch noch strukturiert. Man unterscheidet das implizite und das explizite Langzeitgedächtnis. Im impliziten Langzeitgedächtnis werden Bewegungsabläufe, Sprache und grundlegende Denkvorgänge abgespeichert. Wir können auf diesen Teil des Langzeitgedächtnisses jederzeit, ohne groß nachdenken zu müssen, zurückgreifen.
Das explizite Langzeitgedächtnis ist in zwei Bereiche unterteilt. Der eine speichert Fakten, wie z.B. Telefonnummern und allgemeine Kenntnisse wie z.B. Weg zur Arbeit. Im anderen Bereich werden individuelle Erlebnisse, in Verbindung mit den damit verbundenen persönlichen Umständen und Gefühlen, gespeichert. Auf dieses explizite Gedächtnis haben wir nur Zugriff, wenn wir uns bewusst an etwas erinnern wollen, oder wenn durch ein neues Erlebnis die Erinnerung an ein altes Ereignis wachgerufen wird.
Was für die Struktur unseres Gehirns besonders typisch ist, ist die Tatsache, dass die Bereiche, die für die höheren Funktionen zuständig sind, wie z.B. der assoziative Neocortex, besonders dicht mit praktisch allen anderen Bereichen des Gehirns vernetzt ist. D.h., die Neuronen Dichte ist in diesen Bereichen sehr hoch und die Neuronen sind mit besonders vielen Synapsen aus den verschiedensten Bereichen unseres Gehirns in Verbindung. Diese Bereiche des Gehirns sind erst später im Verlauf der Evolution entstanden und entwickeln sich auch noch während der Kindheit weiter. Dies hat zur Folge, dass wir auch noch lange ins Erwachsenenalter hinein neue, synaptische Verbindungen knüpfen können. Diese Plastizität unseres Gehirns bewirkt, dass wir im Laufe des Lebens die Sichtweise für bestimmte Ereignisse, aber auch unser Verhalten, ändern können,

so dass wir nicht in einer einmal gefassten Meinung oder Verhaltensweise gefangen bleiben.

Die Auseinandersetzung mit den Meinungen und Erfahrungen anderer Menschen trägt ganz wesentlich dazu bei, unser persönliches Ich zu erkennen und zu festigen. Wir haben bereits früher gehört, dass sich nicht nur kleine Kinder, sondern auch Schimpansen und Delphine in einem Spiegel erkennen. Es ist dies eine notwendige Voraussetzung, um sich als Individuum zu erkennen. Auch ein Affe erkennt seine Position in seiner Horde. Auch er strebt danach, in der Hierarchie der Horde möglichst an erster Stelle zu stehen. Dieses Streben, das Alphatier zu sein, haben auch wir Menschen noch und ist besonders unter Männern ausgeprägt. Während bei den Tieren das Ich eindeutig dazu dient, der erste in der Hierarchie zu werden, um seine Gene an möglichst viele Nachkommen weitergeben zu können, haben wir Menschen, aufgrund unserer kulturellen Entwicklung, die Möglichkeit, zu eigenen Wertvorstellungen und Zielvorgaben für unser Ich zu kommen. Wir sind in der Lage, eine eigene Sicht und eine eigene Meinung über Vorgänge in unserer sozialen Umwelt zu entwickeln und daraus ein ganz persönliches, eigenständiges Handeln für uns abzuleiten. Dies kann sowohl im Einklang als auch im Widerspruch zum sozialen Umfeld geschehen. Eine Meinung zu vertreten, die dem allgemeinen Trend widerspricht erfordert ein starkes Ich. Das Vertreten einer Meinung, die nicht von der Mehrheit getragen wird, setzt voraus, dass wir die Argumentation der mehrheitlichen Meinung bewusst überdacht haben und aufgrund unserer eigenen Sichtweise der Wirklichkeit zu einer anderen Schlussfolgerung kommen. Im Idealfall sollte jede Gesellschaft froh sein, wenn ihre Mitglieder ihre Sicht der Ereignisse frei äußern. Denn nur so kann man einigermaßen sicher sein, nicht einen Aspekt der

Wirklichkeit zu übersehen. Andererseits sollte aber jeder, der eine eigenständige Meinung äußert, gefasst sein, dass ihm wichtige Argumente entgegengehalten werden, die dann ev. zu einer Modifikation seiner Meinung führen könnten.

Es muss uns klar sein, dass wir bei unserer Meinungsbildung wieder von unserer Software im Gehirn stark beeinflusst werden. Eine Meinung entsteht im Zusammenspiel zwischen unserem Faktenwissen, unserer persönlichen Einschätzung von Ereignissen bzw. Erlebnissen sowie vom "Zeitgeist". Zwei Menschen können aufgrund ein und desselben Ereignisses ganz unterschiedliche Konsequenzen ziehen. Denken sie nur an die Diskussion, ob eine Frau abtreiben darf, wenn sie vergewaltigt wurde. Im Zeitgeist des Mittelalters hätte sich diese alternative Diskussion überhaupt nicht gestellt.

Ich möchte am Beispiel der geschlechtsspezifischen Unterschiede der Gehirnfunktionen erläutern, wie wir in unserer Meinungsbildung nicht nur durch objektive Fakten beeinflusst werden, sondern auch durch hormonelle und organisatorische Unterschiede in unserem Gehirn.

5.4 Wie unterscheidet sich das weibliche vom männlichen Gehirn? /24/

Alle Körperzellen, auch die Gehirnzellen, enthalten die kompletten genetischen Anweisungen für die Entwicklung eines Menschen, also einer Frau oder eines Mannes. Im Allgemeinen ist die weibliche Gehirnentwicklung der männlichen zeitlich voraus, was auf den Einfluss von weiblichen Geschlechtshormonen zurückzuführen ist. Also bereits vor der Geburt gibt es Unterschiede in der Gehirnentwicklung. Bei weiblichen Föten wachsen die Nerven vom Stammhirn schneller zu

den Gesichtsmuskeln, so dass die weiblichen Föten bereits in der 16. Schwangerschaftswoche Mundbewegungen ausführen können. Bei den männlichen Föten ist das erst 4 Wochen später der Fall. Im 6. Schwangerschaftsmonat zeigen die weiblichen Föten bereits eine Frühform des Lernens, d.h., dass der Fötus bereits auf einen sich wiederholenden Reiz, z.B. Ton, reagiert, um ihn schließlich ganz zu ignorieren. Auch die Entwicklung der elektrischen Hirnaktivität verläuft bei den weiblichen Föten schneller als bei den männlichen, was auf eine frühere Reifung der Hirnrinde hinweist. D.h., die weiblichen Föten bekommen schon mehr Information während der Schwangerschaft mit, als die männlichen. Es ist deshalb nicht verwunderlich, dass neugeborene Mädchen sich anders verhalten als Buben. Noch bevor eine soziale Beeinflussung stattfindet, reagieren die Mädchen schneller auf das Geschrei von anderen Babys und sie betrachten länger die Fotos von Gesichtern. Jungen betrachten dafür die Bilder von mechanischen Objekten wie z.B. Autos länger. Diese Unterschiede findet man auch bei Schimpansen!
Woher kommen diese Unterschiede?
In der DNA gibt es keine Unterschiede zwischen männlichen und weiblichen Gehirngenen. Hier kommen die Hormone ins Spiel, da sie ebenfalls die Fähigkeit besitzen die Aktivierungsprogramme für die Gene zu beeinflussen. Dies führt zu strukturellen, physiologischen und biochemischen Unterschieden zwischen einem weiblichen und männlichen Gehirn. Die Folge sind Unterschiede in der Wahrnehmung, im Denken, in der Erinnerungsbildung sowie bei der Verarbeitung von emotionalen Reizen und Stress. Die anatomischen Unterschiede sind:
1) eine dickere Hirnrinde bei den Frauen mit mehr Windungen (Gyri) und
2) eine dichtere Vernetzung der Nervenzellen, sowohl im

kognitiven Teil als auch im limbischen Teil des Stammhirns.
Gleiches gilt für das „Schläfenhirn" in dem auch wichtige Teile des Sprachzentrums liegen. Bei Männern finden wir im Scheitelhirn, das an der räumlichen Wahrnehmung stark beteiligt ist, eine dichtere Vernetzung der Neuronen und auch in der Amygdala (mandelförmiges Hirnorgan in der Mitte des Gehirns und Teil des limbischen Systems), einem Teil des Gehirns, das an der Verarbeitung von emotionalen Reizen beteiligt ist.
Bereits länger bekannt ist, dass die beiden Gehirnhälften bei Frauen funktionell enger verbunden sind als bei Männern. Eine der Folgen ist, dass Frauen bei der Verarbeitung von Sprache vorwiegend beide Hemisphären im gleichen Ausmaß benutzen, während bei Männern vorwiegend die linke Hemisphäre aktiv ist. Die Verbindung zwischen beiden Hirnhälften erfolgt über den Balken (corpus callosum). Dieser ist bei Frauen dicker und enthält auch mehr Nervenverbindungen. Daraus kann man folgern, dass Frauen die Inhalte der beiden Hirnhälften effizienter integrieren können. Dazu trägt auch bei, dass die Vernetzungsdichte der Neuronen bei Frauen in beiden Hemisphären etwa gleich ist, während sie bei Männern asymmetrisch ist. Dies führt dazu, dass bei einer Denkaufgabe bei Frauen beide Hemisphären etwa gleich aktiv sind, während bei Männern immer eine Hemisphäre aktiver ist als die andere.
Diese strukturellen Unterschiede führen dazu, dass Männer und Frauen die Welt etwas unterschiedlich sehen. Es ist ein Beispiel dafür, wie man auch bei gleicher Faktenlage zu einer unterschiedlichen Einschätzung der Situation kommen kann. Wie wir etwas sehen und bewerten, hängt sowohl von der Struktur und Organisation unseres Gehirns ab, als auch von unseren

persönlichen Erfahrungen. Dabei ist die Art und Weise, wie wir etwas empfunden/erfahren haben, wiederum von unserer Gehirnstruktur abhängig.
Unser Gehirn ist der ganz persönliche Mittler zwischen uns und unserer Umwelt.
Im Alltag ist häufig zu beobachten, dass Männer und Frauen für das Erledigen von Aufgaben unterschiedliche Strategien benützen, aber trotzdem zum selben Ergebnis kommen. Mit den modernen, bildgebenden Verfahren wurde in einer Studie z.B. das Einkaufsverhalten von Männern und Frauen untersucht. Um ein bestimmtes Lebensmittel zu kaufen, aktivieren Frauen ein größeres, neuronales Netzwerk, während Männer ein anderes, kleineres Netzwerk aktivieren, das eher Fakteninformationen enthält, etwa über Markennamen.
Auch die Verarbeitung von Witzen und Cartoons ist unterschiedlich. Frauen wie Männer aktivieren die gleichen Hirnregionen, die am Verständnis der Wort- und Satzbedeutung oder beim Erfassen des Vergleichs zweier Situationen beteiligt sind. Bei Frauen findet aber eine stärkere Aktivierung des Stirnhirns, der Sprachzentren und der limbischen Bereiche des Hirns statt. D.h., Frauen lachen über andere Witze als Männer.
In einem anderen Versuch wurde Männern und Frauen ein kurzer Film gezeigt, in dem ein Junge bei einem Spaziergang mit seiner Mutter von einem Auto überfahren wird. Die Filmsequenz aktivierte bereits nach 0,3 Sekunden bei Frauen die linke Hälfte der Amygdala, bei Männern die rechte Hälfte. In diesen 0,3 Sekunden konnten die Versuchspersonen das Geschehen nicht bewusst interpretieren.
Fragte man die Versuchspersonen nach einer Woche, was sie in der Filmsequenz gesehen haben, so erinnerten sich Männer mehr an das Geschehen als Ganzes, d.h., dass ein Kind von einem Auto überfahren.

Frauen erinnerten sich auch an den Unfall, hatten sich aber mehr Details gemerkt, wie z.B., dass der Junge einen Ball hatte. Aus diesem und weiteren Versuchen schließt man, dass die rechte Hälfte der Amygdala eher das Geschehen als Ganzes erfasst, während die linke Hälfte mehr Details registriert.

In einem letzten Beispiel möchte ich noch die verschiedenen Aktivitätsmuster im Gehirn beim Betrachten von emotionalen Bildern erwähnen. Stellt das Bild eine sehr traurige Situation dar, dann erzeugt dieses Bild bei Frauen eine bedeutend höhere Aktivierung des limbischen, emotionalen Systems als bei männlichen Testpersonen. Frauen besitzen demnach eine höhere Sensibilität für traumatische Ereignisse. Ev. ergibt sich daraus ein Zusammenhang mit einer höheren Anfälligkeit für Depressionen bei Frauen.

Bei den im Vergleich dazu weniger sensiblen Männern wird das limbische, emotionale System weniger aktiviert. Die Folge bzw. Ursache könnte sein, dass Männer eine höhere Serotoninproduktion besitzen. Serotonin ist einer der Botenstoffe an den Synapsen (Neurotransmitter) und ist wichtig bei der Verarbeitung von Gemütsstimmungen und sensorischer Reize. Serotonin ist auch ein gewisser Schutzfaktor gegen Depressionen.

Aus den geschilderten Beispielen sollten wenigstens zwei Dinge klar werden,

1) dass die Wirklichkeit, so wie wir sie ganz persönlich erkennen ein Konstrukt unseres Gehirns ist und nur insoweit mit einer objektiven, physikalischen Realität übereinstimmen muss, soweit es für unser Überleben notwendig ist.
2) Das weibliche Gehirn ist zwar etwas kleiner als das männliche, aber wir haben gelernt, dass dieser angebliche Nachteil durch eine dichtere Vernetzung der Neuronen und der beiden Gehirnhälften auf alle Fälle ausgeglichen wird.

Ich erinnere nur an das etwas größere Gehirn des Neandertalers im Vergleich zum homo sapiens.
Zur Beruhigung kann gesagt werden, dass auf folgenden Gebieten keine wesentlichen Unterschiede zwischen Frauen und Männern gefunden wurden:
1) Logisches Denken,
2) Verstehen komplexer Zusammenhänge,
3) Moralische Vorstellungen und
4) Gerechtigkeitsempfinden.
Es ist dem Leser vielleicht aufgefallen, dass im gesamten, vorangegangen Kapitel nie eine Funktion explizit nur einer Gehirnregion zugeordnet wurde. Das betrifft sowohl einfache sensorische Reize, wie heiß oder kalt, als auch komplexe Situationen im Rahmen des sozialen Zusammenlebens (Autounfall). Dies ist ein ganz typisches und wichtiges Merkmal der Funktionsweise unseres Gehirns. Alles ist mit allem verbunden. Nur so kommen wir nicht nur zu einer reinen Informationsverarbeitung, sondern auch zu einer Einschätzung der Ereignisse. Alle Ereignisse haben für uns eine Bedeutung, ja sogar eine ganz spezielle Bedeutung nur für mich als Individuum, denn es werden dabei neue Informationen mit meinen bereits vorhandenen Informationen verknüpft.
Das hat zur Folge, dass jeder Mensch beim Hören einer Information unterschiedliche Assoziationen hat und damit der Information eine ganz persönliche Bedeutung zuordnet. Der prozentuale Anteil der assoziativ arbeitenden Hirnrinde an der gesamten Hirnrinde beträgt beim Menschen 75 – 85 %. Wieder ein Spitzenwert unseres Gehirns. Beim Affen beträgt dieser Anteil max. nur 50 %.
Diese ganz subjektiven Bedeutungen all unserer Erlebnisse/Erfahrungen zusammen mit unserem eigenen (Fakten)- Wissen und unserer Position im sozialen Umfeld lassen dann unser Ich entstehen.

Unser Ich ist somit ein Konstrukt
1) aus der Funktionsweise unseres Gehirns (Gene),
2) unserer persönlichen Erfahrung/Erlebnissen und dem damit entstandenen Wertemuster (u.a. Erziehung),
3) der Umwelt und
4) dem Zeitgeist.

Aus diesen vier Informationspools konstruiert unser Gehirn zu jeder Information eine ganz persönliche Bedeutung, **die eine Person zu ganz persönlichen Handlungen veranlasst** und sie zu dem macht was sie ist, zu einem Individuum!

5.6 Gefühle, Emotionen und Gesetzmäßigkeiten

Über 2000 Jahre wurden Denken und Fühlen als zwei getrennte Prozesse betrachtet. Bei Plato galt es als Tugend, nicht Sklave der eigenen Leidenschaften zu sein und bis vor kurzem wurden Gefühle noch als Hindernis für das reine, rationale Denken empfunden. Im Gehirn finden wir keinerlei Anzeichen einer solchen Trennung. Vielmehr sind die für das rationale Handeln und Denken zuständigen Bereiche eng mit den emotionalen Bereichen verbunden. Erst diese Erkenntnis war die Basis für die Psychosomatik, also der Körper-Geist-Beziehung.

Ein typisches Beispiel für eine aus Gefühl und Denken kombinierte Situation ist das Sehen einer Spinne. Das Auge sendet das Bild der Spinne über den Sehnerv zum Thalamus, der die Impulse sofort an die Amygdala weiterleitet, also das Organ, das stark auf emotionale Situationen reagiert. Von der Amygdala gehen Botschaften an viele andere Strukturen im Gehirn. Daraufhin erreichen Impulse die Basalganglien (zuständig u.a. für Planung und Ausführung von Bewegungen), die die Muskeln veranlassen zu erstarren, d.h., sich nicht zu bewegen. Andere Impulse, die das

Stammhirn erreichen, bewirken einen schnellen Puls und bringen den Atem zum Stocken. Der Hypothalamus veranlasst die Ausschüttung von Adrenalin und Schweiß, eine Reaktion die den Körper "kampfbereit" macht. All diese Reaktionen werden als emotional bezeichnet. Sie erfolgen automatisch, unbewusst und deshalb auch sehr schnell. Erst später erreichen die Signale vom Thalamus den Präfrontal-Kortex, der nun beginnt die Situation auf der Basis von Wissen und Erfahrungen analytisch zu klären. Der Präfrontal-Kortex stellt z.B. fest, dass die Spinne ungefährlich ist, es gibt keinen Grund zur Flucht. Das limbische System stoppt den Auslöser für die Muskeln (Basalganglien) zur Fluchtbewegung.

Das emotionale System meldet diese Reaktion an den Präfrontal-Kortex, der diese Reaktion des emotionalen Systems als Gefühl interpretiert. Trotz des Wissens, dass die Spinne ungefährlich war, bleibt ein Gefühl des Unbehagens, ein Bauchgefühl, zurück.

Was hat es mit dem Bauchgefühl für eine Bewandtnis?
Es ist eine Tatsache, dass sich im Bauch ein riesiges Netzwerk, bestehend aus ca. 100 Millionen Nervenzellen, befindet und die Funktionen der inneren Organe steuert. Im Kopf befinden sich etwa 1000 Mal mehr Nervenzellen. Sowohl die Bauch, als auch die Kopfneuronen reagieren auf Reize und können Muskeln aktivieren. Zwischen dem Gehirn und den Organen findet ein reger Informationsaustausch statt, wobei 9/10 der Information ans Gehirn geht und nur 1/10 vom Gehirn zu den inneren Organen. D.h., das Gehirn mischt sich nur wenig in die Funktion der inneren Organe ein und überlässt die Regelung den Nerven vor Ort (dezentrale Intelligenz). Erst wenn Signale von der Amygdala kommen, dann bedeutet dies meistens Stress für die inneren Organe.

Der Fähigkeit, Ereignissen oder Erlebnissen eine Bedeutung zu zuordnen, liegt eine lange evolutionäre Entwicklung zugrunde. Der Organismus erkennt, was für ihn z.B. günstig oder gefährlich ist. Er hat diese Situationen abstrahiert und unter dem Gefühl Freude bzw. Angst ins Unterbewusstsein abgespeichert. D.h., wenn ein Ereignis geschieht, das in eine der beiden Kategorien passt, dann wird automatisch eine ganze Palette von Reaktionen aktiviert, die dann je nach Analyse des Präfrontal-Kortex nach und nach wieder abgebaut werden.

Gefühle wie Freude, Angst, Schmerz oder Wut können aufgrund ihrer **persönlichen Bedeutung** für das Individuum eine starke Motivation für das Handeln sein. Gefühle haben einen starken Einfluss auf unsere Wahrnehmung und unser Denken. Starke Emotionen führen naturbedingt zu schnellem Handeln, wobei der Schnelligkeit das langsamere Denken zum Opfer fällt.

Wichtige Entscheidungen sollten im Idealfall immer durch das Zusammenspiel von kognitivem und limbischen Präfrontal-Kortex zustande kommen. Es gibt kein Denken ohne Gefühle und keine Gefühle ohne Denken.

Da uns das Unterbewusstsein erst allmählich zugänglich wird, wird dessen Einfluss auf unsere Entscheidungen sehr oft noch unterschätzt. Oft sogar wird es als negativ gesehen, wenn einer Entscheidung letztlich ein Bauchgefühl zugrunde liegt.

Die Untersuchungen an Autisten befassen sich nicht nur mit deren Problemen, sich im Alltag zurecht zu finden, sondern es werden auch deren außergewöhnliche Fähigkeiten untersucht. Mich hat besonders ein Mann beeindruckt, der mit einem Hubschrauber für ca. 30 min über Rom schwebte und das Panorama rund um das Kolosseum betrachten konnte. „Zuhause" konnte dieser Mann dann auf einer 360 Grad Leinwand das gesamte

Panorama innerhalb von zwei Tagen aus dem Gedächtnis aufzeichnen. Die Genauigkeit war bei den markanten Bauwerken, wie dem Kolosseum, so groß, dass die Zeichnung mit einer Fotografie übereinstimmte. Das Beispiel soll uns vergegenwärtigen, zu welchen Leistungen unser Gehirn fähig ist.
Wir nehmen unbewusst wesentlich mehr Informationen auf, als wir uns bewusst sind. Man hat festgestellt, dass die Hauptaktivität unseres Gehirns darin besteht, die fürs Überleben notwendigen Informationen von den weniger wichtigen zu trennen und diese zu unterdrücken, so dass sie den kognitiven Teil unseres Gehirns nicht überlasten. Ein einfaches Beispiel dazu ist das schlechter werdende Hören bei älteren Menschen. Wird das Hören schlechter, dann versucht zunächst das Gehirn diesen Mangel auszugleichen, indem es die Geräusche mehr verstärkt Zusätzlich wird mehr auch auf die Gestik des Gesprächspartners geachtet, um so komplementäre Informationen zur akustischen Information zu erhalten. Es ist dies ein schleichender Prozess, so dass man zunächst gar nicht feststellt, dass man schwerhörig geworden ist. Bekommt der Betroffene dann ein Hörgerät ist er meistens über die vielen Nebengeräusche entsetzt. Das Gehirn benötigt u.U. einige Monate, um die als unwesentlich erkannten Nebengeräusche wieder zu unterdrücken. Wir lernen daraus, dass wir wesentlich mehr Informationen und Signale aus unserer Umwelt aufnehmen, als uns bewusst wird.
Aber unser Gehirn macht noch viel mehr. Es bereitet die als wichtig erkannte Information dann noch so auf, dass wir sie schnell auswerten und beurteilen können. Ich denke hier an das Erkennen von Farben. Auf die Erdoberfläche gelangt ein breites Spektrum von elektromagnetischen Wellen. Der erste geniale Schritt unseres Gehirns ist der, dass wir mit dem Teil des

Sonnenspektrums sehen, der mit der höchsten Intensität durch unsere Atmosphäre gelangt. Der zweite noch genialere Schritt ist der, dass wir den verschiedenen Wellenlängen des Lichts eine Farbe zuordnen. Rein physikalisch gibt es keine Farben, man kann nur den unterschiedlichen Wellenlängen unterschiedliche Energien zuordnen. Der Trick, den unterschiedlichen Wellenlängen eine Farbe zuzuordnen, führt dazu, dass wir schon von weitem erkennen, ob der Apfel auf dem Baum reif ist oder nicht. Die geringen Energieunterschiede des Lichts haben für uns eine Information mit Bedeutung!! Analoges gilt auch für Töne.

Der für dieses Buch wesentliche Befund ist, dass sogar geringste Energieunterschiede von einem Organismus (z.B. Gehirn) in Information mit Bedeutung für diesen Organismus umgesetzt werden können!

All dies macht unser Gehirn automatisch. Auch beim Einschätzen einer uns unbekannten Person werden sehr viele Informationen verarbeitet. Z.B., der Klang der Stimme, die Art des Händedrucks, Geruch, Gesichtsmimik Körperhaltung usw. Aus diesem großen Mix an Informationen präsentiert uns unser Unterbewusstsein eine zumindest vorläufige, schnelle Einschätzung über die Person. Eine Information mit Bedeutung für uns!

Wenn wir diese, im Unterbewusstsein vorhandenen Informationen voll für unsere Entscheidungen nützen wollen, dann müssen wir auf unser Gefühl "hören".

Ein sicherer Weg, ein Ziel zu erreichen, ist der, dass sich unser Ziel oder unser Wunsch auch im Unterbewussten festsetzt. Das ist ein längerer Vorgang, der nur dann erfolgreich ist, wenn der rationale Wunsch in Übereinstimmung mit unserem emotionalen Wollen ist.
Verstand und Gefühl müssen dasselbe wollen.

Ist dies der Fall, dann werden die kompletten, auch unbewusst aufgenommenen Informationen aus unserer Umgebung daraufhin durchsucht, ob die eine oder andere Information dazu beitragen könnte, sich unserem Ziel zu nähern. Wir alle haben schon die Erfahrung gemacht, dass man eine anstehende Entscheidung überschlafen sollte, bevor man sie wirklich trifft. Oder, man hat ein Problem und findet keine Lösung. Man betrachtet das Problem von verschiedenen Seiten und trotzdem kommt man zu keiner vernünftigen Lösung. Auch in diesem Fall hat es sich als erfolgreich erwiesen, das Problem auf die Seite zu schieben, etwas Entspannendes zu machen oder schlafen zu gehen. Am nächsten Morgen fällt es wie Schuppen von den Augen, die Lösung taucht plötzlich in unserem Kopf auf.

Man muss dem Gehirn die Zeit geben, das bewusst erworbene Wissen mit dem Wissen unseres Unterbewusstseins abzugleichen, wobei sich oft durch eine Verknüpfung aus den beiden Wissenspools die Lösung (= Information mit Bedeutung) für unser Problem ergibt.

Wenn man das oben zitierte Beispiel des Autisten ernsthaft überdenkt, ergibt sich die Konsequenz, dass unser Gehirn wesentlich mehr Information besitzt als es das Gehirn uns bewusst wissen lässt. Erst wenn ein Anstoß aus dem kognitiven Teil unseres Gehirns kommt, registriert unser Unterbewusstsein, dass es Informationen besitzt, die als wichtig bzw. unwichtig betrachtet wurden. Unwichtig, weil die Informationen bisher nicht abgefragt wurden oder weil sie aus evolutionärer Erfahrung als nicht überlebensnotwendig deklariert sind. Erst durch die Nachfrage aus dem kognitiven Gehirnareal werden diese unbewussten Informationen ins Bewusstsein geschoben und erlangen eine Bedeutung.

Ein vielleicht weit hergeholtes Beispiel dafür könnte der sesshaft werdende, steinzeitliche Jäger sein. Nach dem Rückgang des Eises und dem Ausbleiben der Mammuts, waren die Menschen vom Hunger geplagt. Der Ackerbau war noch unergiebig und unsicher. Es entstand ein starker Wunsch nach besseren und sichereren Nahrungsmitteln. Die ehemaligen Jäger hatten das Prinzip von Ursache und Wirkung beim Erlegen eines Tieres gelernt und wussten auch, nach wie vielen Mondzyklen die Mammutzüge wiederkehren würden. Die Sonne war während der Eiszeit für die Menschen nicht das bedeutende Himmelsgestirn. Nach der Eiszeit und für die angehenden Ackerbauern wurde auf einmal die Sonne das wichtigere Gestirn. Die Jäger hatten wahrscheinlich schon früher auch eine Regelmäßigkeit beim Sonnenverlauf festgestellt, aber keinen Zusammenhang zu ihrem damaligen Lebensablauf hergestellt. Der zunächst unbewusst festgestellte periodische Verlauf der Sonne am Himmel bekam plötzlich eine, für ihr Überleben, wichtige Bedeutung. Ihnen wurde bewusst, dass es für den Ackerbau wichtig ist zu wissen, wann die warme Jahreszeit kommt und wann sie zu sähen beginnen müssen. Man erkannte eine bedeutende Gesetzmäßigkeit und handelte, indem man Sonnenobservatorien baute, wie z.B., Stonehenge, um aufgrund der erkannten Gesetzmäßigkeit, Voraussagen machen zu können. Diejenigen in der Sippe, die dieses Wissen hatten, wurden als Mittler zwischen den Menschen und den Naturgewalten, sprich Gott, als Priester verehrt.

Das Erkennen von Gesetzmäßigkeiten in unserer Umwelt war ein extrem großer Vorteil im Überlebenskampf unserer Vorfahren. Deshalb hat sich unser Gehirn auch darauf spezialisiert alle Erfahrungen auf Gesetzmäßigkeiten hin zu analysieren. Wurde eine Gesetzmäßigkeit erkannt, hat sich das Verhalten an

diese Periodizität angepasst und man konnte sich überlegen, wie man beim nächsten Mal einen Arbeitsablauf leichter bewältigen kann. Kooperation und Innovationen (Sonnenobservatorien) waren das Resultat.
Was man beim Erkennen von Gesetzmäßigkeiten beachten sollte, ist die Tatsache, dass unser Gehirn und damit auch wir, von unserer Umgebung ganz fundamental geprägt sind. Auch unser heutiges Denken ist von archaischen Vorstellungen geprägt, die wir meistens nicht mehr hinterfragen. Unsere Vorstellungen sind geprägt von den Informationen, die uns unsere Sinne seit Beginn der Evolution der Vielzeller, also seit Millionen Jahren liefern. Wir erkennen die Welt eben nur mit unseren Sinnen, wobei täglich das Feedback kommt, dass das, was uns unsere Sinne erkennen lassen, auch wirklich ist und uns hilft zu überleben.
Würden wir wie eine Biene sein, würde die Welt buchstäblich für uns anders aussehen. Nicht nur dass wir andere Farben sehen würden, wir würden auch das UV Licht erkennen und wir könnten etwas unter unsere Haut schauen. Wir würden die wärmeren Stellen an unserem Körper sehen und nicht nur erfühlen. Oder denken wir an die Fledermäuse, die mit Schallwellen sehen. Die Welt wäre etwas unscharf, aber dafür könnten wir auch bei Nacht zielsicher durch einen Wald gehen, ohne an einen Baum zu stoßen. Geschwindigkeiten und Zeit würden wir ebenfalls ganz anders einschätzen.
Noch extremer wäre, wenn wir nur Magnetfelder oder elektrische Felder "sehen" würden. Ein Mensch wäre dann kein scharf begrenztes Wesen, denn die von ihm erzeugten elektrischen oder magnetischen Felder würden theoretisch bis ins Unendliche reichen.
Wichtig ist, dass alle Menschen denselben Eindruck von ihren Sinnen vermittelt bekommen. Alle Menschen

haben denselben Eindruck von Farben, von Zeit, von Groß und Klein und auch das Erkennen von Ursächlichkeiten ist uns allen gleich. Andernfalls gäbe es keine Wissenschaft, die über die Kulturen hinweg akzeptiert wird. Bei kulturellen Werten ist die Sicht der Werte oft etwas verschieden. Aber es ist erstaunlich, dass es auch ein allgemeines Gerechtigkeitsgefühl gibt und auch Gut und Böse werden von den meisten Kulturen gleich gesehen. Nur so war es möglich, dass wir zu einem global anerkannten Codex der Menschenrechte kamen.

Wir sind uns unserer Sinne sicher, da wir täglich das Feedback von unserer Umwelt und von unseren Mitmenschen bekommen, dass das was wir sehen, fühlen, hören oder riechen von anderen Menschen in gleicher Weise wahrgenommen wird. Unsere Sinne vermitteln uns zwar nur einen Teil der objektiven Realität, doch das reicht aus für das, was wir als unsere Wirklichkeit bezeichnen. Wir können also sicher sein, dass, wenn man sich etwas überlegt, dies auch von anderen Menschen meistens in gleicher Weise gesehen wird.

Wir Menschen haben in uns eine Art virtueller Bühne, auf der wir in Gedanken die verschiedensten Situationen durchspielen können, um uns z.B. klar zu werden, welche Handlungs- oder Verhaltensweise in einer bestimmten Situation für uns die erfolgreichste wäre. Denken sie nur an ein Rendezvous. Was macht man sich für Gedanken über das erste Zusammentreffen mit dem geliebten Menschen. Wie mache ich den besten Eindruck? Was könnte die Angebetete über mich denken, wenn ich das oder jenes sage, oder was denkt sie sich über mein Outfit? Letztlich entscheiden wir uns für ein bestimmtes Auftreten und wollen damit etwas ganz bestimmtes erreichen.

Wir sind uns unserer Handlungsweise bewusst. Wir haben aus verschiedenen Möglichkeiten eine ganz bestimmte ausgesucht. Es ist ein bewusstes Handeln und deshalb sind wir auch für die Konsequenzen aus diesem Handeln verantwortlich, weil wir die alleinigen Verursacher dafür sind!

Ein erfolgreiches, bewusstes Handeln setzt nicht nur eine ehrliche, objektive Einschätzung einer Situation voraus, sondern auch die richtige Einschätzung der Reaktion unserer Mitmenschen. Da es uns aber möglich ist, eine Situation aus verschiedenen Blickwinkeln zu betrachten, weil wir uns in die Sicht anderer Menschen hinein versetzen können, ist es uns auch möglich, unsere Umwelt/Mitmenschen zu manipulieren. Daraus entsteht eine Verantwortung für uns, vor allem im Umgang mit Menschen, die uns intellektuell unterlegen sind.

Wir Menschen haben, im Gegensatz zu den Tieren, Alternativen für unser Handeln.

T. und B. Görnitz bezeichnen in ihrem Buch "Der kreative Kosmos" /10/ diese Fähigkeit als das reflektierende Bewusstsein. Aus diesem Grund können wir für unser Handeln verantwortlich gemacht werden. Bei vielen Handlungen, bei denen wir einen Vorteil für uns erreichen wollen, muten wir irgendeinem anderen Menschen einen mehr oder weniger großen Nachteil zu. Dies wäre für mich die einzige, akzeptable Begründung für das, was die Kirche so bedrückend als Erbsünde bezeichnet.

Die Bereiche in unserem Gehirn, die für dieses bewusste Handeln zuständig sind (rationaler präfrontaler Kortex), sind besonders intensiv mit allen anderen Arealen in unserem Gehirn vernetzt. Wenn wir uns überlegen, wie wir uns in einer bestimmten Situation am besten verhalten sollten, wird im Gehirn praktisch das gesamte abgespeicherte Wissen auf mögliche, zutreffende

Informationen hin durchsucht. Dabei müssen sowohl sachliche Argumente als auch gefühlsmäßige Aspekte berücksichtigt werden. Reflektiertes, bewusstes Handeln ist nur dann erfolgreich, wenn es uns gelingt, rationale Argumente mit emotionalen Aspekten realistisch abzuwägen. Beim reflektierten, bewussten Handeln ist praktisch das gesamte Gehirn beteiligt. Wie schnell kann ein auch noch so fairer Kompromiss scheitern, wenn durch Hervorheben eines emotionalen Gesichtspunktes jegliches weitere logische Argumentieren unmöglich gemacht wird.

Das bewusste Handeln erfordert Zeit, um sich für eine bestimmte Handlungsweise zu entscheiden. Deshalb ist es für diese Art von Handeln wichtig, dass man sich schon im Vorfeld die verschiedenen Möglichkeiten überlegt, um dann situationsgerecht schnell handeln zu können. Andernfalls wird man von seinem emotionalen System, das wesentlich schneller ist, ausgebremst.

D.h., man muss cool bleiben und sich ja nicht reizen lassen, um einen Wutanfall zu vermeiden.

Das bewusste Handeln ist eine Folge einer noch jungen Eigenschaft unseres Gehirns, indem es aus Informationen eine persönliche Bedeutung konstruiert. Diese Eigenschaft ist erst beim homo sapiens so richtig entwickelt, da er in einer Gemeinschaft lebt, in der alle Mitglieder, aufgrund ihres speziellen Wissens und ihrer eigenen Erfahrungen, ein Ich besitzen und einer Situation ev. unterschiedliche Bedeutungen beimessen. Jedes Mitglied der Gemeinschaft hat eine eigene Sicht der Dinge. Um sich in einer solchen Gemeinschaft zurecht zu finden, ist es eine Voraussetzung, dass man Verständnis für den Mitmenschen aufbringen kann, d.h., man muss sich in ihn hineinversetzen können. Um dieses komplexe, soziale Verhalten des homo sapiens zu bewerkstelligen, werden im Gehirn relativ viele und große Bereiche benötigt, die besonders intensiv vernetzt sind.

Was bedeutet es, wenn wir sagen, ich betrachte eine Situation aus der Sicht einer anderen Person oder unter anderen Wertmaßstäben? /10, S. 316/

Nehmen wir das Beispiel Japan. Dieses Land hat keine großen Vorkommen an Erdöl, aber als Industrienation einen hohen Energiebedarf. Das hochtechnisierte Land entschließt sich Atomkraftwerke zu bauen. Man kennt die Risiken dieser Technologie und macht eine sachliche Risikoabschätzung bzgl. Erdbebenstärke und damit verbunden, eventuellen Tsunamis und integriert entsprechende Sicherheitsmaßnahmen beim Bau der Kernkraftwerke. In Verbindung mit diesen Sicherheitsmaßnahmen kann das Risiko für eine Reaktorkatastrophe auf praktisch null gesenkt werden. Ähnliche Überlegungen machten auch wir in Deutschland. Das war die sachliche Einschätzung einer Situation.

Die andere Sicht ist die, dass die Reaktorbetreiber Profit machen wollen, was bedeutet, dass bei den Sicherheitsmaßnahmen und auch bei der Entsorgung gespart wird. Ferner können während des Bestandes der Kernkraftwerke ganz neue Risiken auftauchen, wie z.B. Terroranschläge. Berücksichtigt man zusätzlich noch die Unzulänglichkeit des Menschen, dann kann man zu dem Schluss kommen, dass das Risiko für das Betreiben von Kernkraftwerken zu groß ist. Dass dies auch in einem hochtechnisierten und kultivierten Land wie Japan zutraf, hat in Deutschland zum Umdenken bzgl. des Betriebs von Kernkraftwerken geführt.

Eine dritte Sicht ist die, dass allein aufgrund der Möglichkeit einer Reaktorkatastrophe diese Technologie nicht realisiert werden sollte, da im Ernstfall die Folgen unüberschaubar wären.

Oder wie Einstein sagte: **„Der Mensch baut die Atombombe. Eine Maus würde nie daran denken eine Mausefalle zu bauen"**!
Wir Menschen haben eine Auswahl unter mehreren Möglichkeiten. Eine Auswahl, die oft zu ganz gegensätzlichen Handlungsweisen führt.
Was ist der Grund dafür, dass unser Gehirn zu so unterschiedlichen Sichtweisen für eine bestimmte Situation kommt?
Stellen wir uns einen japanischen Ingenieur vor, der auf Kerntechnologie spezialisiert ist. Nehmen wir weiter an, dass dieser Ingenieur mit einer Industriemanagerin verheiratet ist, deren Mutter an einer ganz seltenen Krankheit leidet.
Wenn wir diesem Ingenieur die Frage nach dem Für und Wider von Kernkraftwerken stellen, dann werden im Gehirn viele Bereiche aktiviert, besonders stark die rationalen Bereiche in denen sein Wissen bzgl. der Sicherheitsmaßnahmen abgespeichert ist. Weiter werden Bereiche aktiviert, die das soziale bzw. asoziale Verhalten des Menschen beinhalten, sowie emotionale Bereiche, in denen das Leid seiner Schwiegermutter abgespeichert ist.
Man kann sich vorstellen, dass unserem Ingenieur alle drei oben geschilderten Alternativen durch den Kopf gehen. Er kennt die Technologie, er kennt von seiner Frau das Profitdenken der Unternehmer und er kennt die Krankengeschichte seiner Schwiegermutter und deren großes Leid.
Würde man dem Ingenieur die Frage nach dem Für und Wider stellen, wenn er sich in einem Kernspin Scanner befindet, dann würden wir sehen, wie die verschiedenen Bereiche im Gehirn aktiv sind. Wie kommt aber seine Meinung letztlich zustande? Das können wir (noch) nicht sehen.

Wir haben ganz am Anfang dieses Kapitels gelernt, dass sich Erlerntes und wiederholt benütztes Wissen dadurch im Gehirn manifestiert, dass sich an bestimmten Synapsen ein oder mehrere Dornen ausbilden. Bei unserem Ingenieur ist also das fachliche Wissen auf diese Art besonders fest in seinem Gehirn verankert. Die mehr menschliche Argumentation seiner Frau über die Unzulänglichkeit des Menschen ist für ihn nicht so relevant, da er gelernt hat, dass man in der Technik nicht mogeln darf, da sonst etwas nicht funktioniert. Er ist der Meinung, dass seine Vorgesetzten so verantwortungsbewusst sind wie er und deshalb dem Profit nicht die Sicherheit opfern!
Bzgl. seiner Schwiegermutter wird er eher zu dem Schluss kommen, dass die Krankheit sehr selten ist, aber doch mit einer gewissen Wahrscheinlichkeit vorkommt. Seine Schwiegermutter hatte eben Pech, so wie der Gewinner einer Lottomillion Glück hatte.
Ich vermute, dass sich unser Ingenieur doch für den Bau von Kernkraftwerken entscheiden würde. Sein Gehirn präsentiert ihm, aufgrund der gespeicherten Erfahrungen und deren Bedeutung für ihn, eine solche Lösung.
Ich stelle mir das so vor wie bei einem Straßennetz mit Straßen, für die unterschiedliche Vorfahrtsregeln gelten, also z.B. Autobahnen, Bundesstraßen und Nebenstraßen. Auf allen Straßen fahren Autos. Für den Ingenieur ist wahrscheinlich die fachliche Lösung seine ganz spezielle Autobahn (Meinung) und damit dominant. Für einen Arzt, der die Schwiegermutter behandelt und der mit den unwahrscheinlichen Krankheiten täglich zu tun hat, wäre dessen persönliche Autobahn die strikte Ablehnung der Kernkraft.
Damit wären wir beim Thema Willensfreiheit. Unsere Meinung ist also geprägt von unserem Fachwissen, von unseren Erfahrungen und der Bedeutung, die wir speziellen Sachverhalten beimessen, aber auch von

unseren, aus frühester Kindheit, abgespeicherten Verhaltensweisen, die später gar nicht mehr hinterfragt werden. Ich möchte nicht tiefer auf diese Frage eingehen, sondern nur bemerken, dass uns unser Gehirn zunächst immer eine spontane/emotionale Lösung für unser Problem unterbreitet. Wir haben aber die Freiheit, ganz bewusst das Gegenteil zu machen. Das ganz bewusst bedeutet, dass wir die von unserem Gehirn präsentierte Meinung nochmals vom rationalen Kortex überprüfen lassen, also reflektieren und uns erst dann endgültig entscheiden. D.h., ganz praktisch, dass wir, wenn wir im Supermarkt vor dem Regal mit Waschpulver stehen, dann nicht einfach zu dem Waschpulver greifen, dessen Verpackung eine, für uns, ansprechende Farbe besitzt. Wir müssen zu uns „Stopp" sagen und uns überlegen, auf was es ankommt, z.B., Preis, Umweltverträglichkeit oder Allergiehäufigkeit etc.

Wenn wir spontan eine Entscheidung treffen, dann müssen wir akzeptieren, dass diese spontane Entscheidung auch eine ganz persönliche Entscheidung von uns ist, da unser Gehirn ja nur aufgrund unseres abgespeicherten Wissens und dessen spezieller Bedeutung für uns, entschieden hat. Wenn wir später, nach weiteren Überlegungen, zu einer anderen Meinung kommen, müssen wir den Mut aufbringen die emotional getroffene Entscheidung zu korrigieren.

5.6 Kann man Gedanken lesen?

In jüngster Zeit wird in der Presse von Personen berichtet, die mit Hilfe ihrer Gedanken ein Auto lenken oder eine Armprothese bewegen. Wir können auch dem Gehirn zuschauen, wie es z.B. rechnet und ob es 2+2 richtig zu 4 zusammenzählt. Da muss die Frage gestellt werden, ob wir in Zukunft Gedanken lesen können?

Bevor wir uns damit befassen, was Gedanken sind, müssen wir uns kurz daran erinnern, wie unser Gehirn arbeitet. Arbeiten bedeutet, dass die aktivierten Gehirnareale stärker durchblutet sind und somit mehr Sauerstoff enthalten, was man wiederum messen kann. Ferner wird ein Muskel durch ein elektrisches Signal (Stromimpulse) der Nerven aktiviert. Bewegt sich ein Arm, aufgrund entsprechender Nervensignale, dann erzeugt die Bewegung der Muskeln wiederum ein elektrisches Signal, das an das Gehirn weitergeleitet wird, so dass dort kontrolliert werden kann, ob die Bewegung zielgerecht ausgeführt wurde. Es besteht also ein Informationsaustausch in beide Richtungen, vom Gehirn zum Muskel und umgekehrt. Stromimpulse erzeugen wiederum sich verändernde, elektrische Felder, die man auch messen kann. Die Bewegung eines Armes, z.B. hin zu einem Glas Wasser, erzeugt einen ganz speziellen Verlauf eines elektrischen Feldes in Kombination mit bestimmten, aktiven Gehirnarealen. Wenn man diesen Signalverlauf kennt, dann kann man damit die Stellmotoren der Armprothese steuern und so zu der gewünschten Bewegung kommen. **Stellt man sich bewusst den Bewegungsablauf vor, so sind im Gehirn dieselben Gebiete aktiv, wie wenn wir die Bewegung tatsächlich ausführen würden**. Die Versuchspersonen berichten, dass sie sich am Anfang den Bewegungsablauf Schritt für Schritt vorstellen mussten, um die Prothese zu bewegen. Nach einiger Übung konnten sie sich dann ganz spontan vorstellen, jetzt möchte ich trinken und konnten ganz zielsicher mit der Prothese zum Glas greifen ohne sich den Bewegungsablauf im Detail vorstellen zu müssen.

Genauso ist es, wenn wir uns vorstellen, wir sitzen in einem Auto und sehen, jetzt kommt eine Kurve. Dann simulieren wir in unserem Gehirn genau den Bewegungsablauf für das Betätigen des Steuerrades,

ohne dass wir das Steuerrad wirklich bewegen. Die dabei aktivierten Bereiche unseres Gehirns erzeugen wiederum ein Signal, das man von außen messen kann. Kennt man den Verlauf dieses Signals für ein Lenken nach links, dann kann man damit das Steuerrad über Hilfsmotoren entsprechend bewegen. Zum Verlauf dieses Signals gehört natürlich auch die Information, wo im Gehirn das Feld erzeugt wird, ob z.B. in der linken oder rechten Gehirnhälfte.
Wir erkennen, wie gut unsere Simulationssoftware in unserem Gehirn ist. Wir können uns Dinge so intensiv vorstellen, dass wir zum Schluss gar nicht mehr wissen, haben wir uns das nur gedacht oder ist es wirklich geschehen. Denken sie nur an einen Urlaub. Man fliegt innerhalb weniger Stunden in eine ganz andere Welt, sieht und erlebt dort viel Neues. Wenn man dann nach 2-3 Wochen wieder zu Hause ist, dann kommt einem das Erlebte wie ein Traum vor. Souvenirs und Fotos sind dann der Beweis dafür, dass man das alles wirklich vor Ort erlebt hat. Wenn wir die ganzen elektrischen Muster die unser Gehirn bei all dem Erlebten kennen würden und abspeichern könnten, dann könnte man durch entsprechende Stimulation dieser Gehirnbereiche das ganze nochmals erleben, obwohl wir gar nicht vor Ort sind.
Hier könnte in Zukunft Science Fiction zur Realität werden!
Ähnliches passiert auch, wenn wir träumen. Auch hier sind die Gebiete im Gehirn aktiv, die auch aktiv wären, wenn wir das Geträumte wirklich erleben würden.
Wir haben in unserem Gehirn einen quasi virtuellen Raum, in dem wir die Realität simulieren können. Es bedarf dann nur eines bewussten Signals, um das limbische System dazu zu veranlassen, z.B. eine Bewegung auszuführen oder etwas zu sagen.

Das geschilderte Prinzip für die Steuerung von Prothesen oder Maschinen mittels Gedanken besteht darin, dass man zuerst z.B. eine Bewegung ganz konkret ausführt und dabei die örtliche und zeitliche Veränderung der durch das Gehirn erzeugten elektromagnetischen Felder bestimmt. Man kennt dann z.B. das Muster für eine Bewegung des Lenkrades nach links bzw. geradeaus oder nach rechts. Hat man diese Muster abgespeichert, dann genügt es, wenn wir uns nur vorstellen, dass bei der nächsten Kurve das Steuer nach links gedreht werden muss. Die Elektronik erkennt unser gedankliches Muster und führt die entsprechende Bewegung des Lenkrades aus. Für den motorischen Bereich, für den es klare Abläufe gibt, funktioniert diese Kooperation Gehirn – Maschine ganz gut. Auch für Sprache und für Rechnen kann man sich in Zukunft ähnliches vorstellen. Worte und einfache Rechenoperationen können wiederholt werden, so dass die entsprechenden elektrischen Muster gemessen und gespeichert werden können.

Aus Versuchen, bei denen Menschen im Kernspin Scanner bestimmte sachliche oder emotionale Aufgaben gestellt wurden, kennt man die Stellen im Gehirn, die bei einer bestimmten Aufgabe aktiviert werden. Man kennt auch die Unterschiede, z.B. wenn ein professioneller Musiker ein ihm bekanntes Musikstück hört, im Vergleich zu einem Laien. Beim Musiker werden verstärkt die rationalen Bereiche angesprochen, denn es interessiert ihn, wie z.B. eine bestimmte Phrase gespielt wird. Der Laie hat zur Musik, je nachdem wie ihm das gehörte Stück gefällt, einen mehr emotionalen Zugang. Dementsprechend sind bei ihm ganz andere Bereiche im Gehirn aktiv. Was man daraus ableiten kann, ist ein Muster für ein Gefallen oder Missfallen.

Würde man unseren, oben erwähnten japanischen Ingenieur in den Kernspin Scanner stecken und seinem

Gehirn zuschauen, wenn er die Antwort auf die Frage sucht, ob in Zukunft noch Atomkraftwerke gebaut werden sollen, dann würden wir Aktivitäten in fast allen Gehirnbereichen messen können. Wir würden aber wahrscheinlich kein sinnvolles Muster erkennen können. Der Vorgang ist auch für das Gehirn einmalig. Würde man die Frage einige Zeit später wieder stellen, würden sich bereits etwas andere Gehirnaktivitäten ergeben. Die Frage ist nicht mehr neu, der Ingenieur ist in einer anderen Gemütsverfassung, er ist ev. beeinflusst von eben erlebten Ereignissen usw.

D.h. aber, dass es speziell für neue Gedanken kein bekanntes, Aktivitätsmuster des Gehirns gibt, so dass ein Gedankenlesen kaum möglich sein wird. Man wird höchstens sagen können, dass das Gehirn gerade konkret an etwas denkt, das einen sehr emotionalen oder rationalen, analytischen Aspekt beinhaltet. Ich betone in diesem Zusammenhang besonders das Wort konkret, denn wir unterscheiden bei Gedanken, Gedanken die uns bewusst sind, die wir auch aussprechen können und Gedanken, die durch unser Gehirn huschen, ohne eine konkrete Spur zu hinterlassen. Auf diese Art der Gedanken komme ich im nächsten Kapitel noch genauer zu sprechen.

Ein weiteres Problem ist, dass wir noch nicht verstehen wie das Gehirn arbeitet. Wir haben schon am Anfang diskutiert, dass das Gehirn eine ganz andere Arbeitsweise nutzt als ein PC. Es gibt keinen zentralen Prozessor, der die Abläufe koordiniert. Beim Gehirn hat man den Eindruck, dass sehr viele Bereiche gleichzeitig aktiv sind, zwar mit unterschiedlicher Intensität, aber dass das Ergebnis dieser Aktivitäten wie aus dem Nichts vor unserem inneren Auge auftaucht.

Eine solche Arbeitsweise wäre aber typisch für einen Quantencomputer. Das wird u.a. das Thema des folgenden Kapitels sein. Aber in diesem Kapitel können wir noch klären, ob unser Gehirn überhaupt die Empfindlichkeit besitzt, um auch im Quantenbereich aktiv sein zu können.

5.7 Die Empfindlichkeit von Auge und Gehör

Nehmen wir als erstes Beispiel unser Auge. Wir haben drei Sorten von zapfenförmigen Zellen in unserer Retina, die für unterschiedliche Wellenlängenbereiche ihre höchste Empfindlichkeit haben, für blau, grün und gelb-grün. Daraus ergibt sich für das Tag-Sehen eine maximale Empfindlichkeit bei einer Wellenlänge von 555 nm (1Nanometer = 1 Milliardstel Meter). Von diesen Zellen besitzen wir insgesamt 6 Millionen in unserer Retina. Für das Hell-Dunkel-Sehen sind stäbchenförmige Zellen zuständig. Davon haben wir ca.120 Millionen. Solch eine Stäbchenzelle, auch Hell-Dunkel Rezeptor genannt, kann verlässlich ein einzelnes Lichtquant (Photon) erkennen. Das heißt aber nicht, dass wir ein einzelnes Photon auch sehen können. Um das zu verstehen, müssen wir etwas genauer darauf eingehen, was passiert, wenn ein Photon auf ein Stäbchen trifft. Was erreicht werden muss, ist, dass das optische Bild in einzelne Spannungspulse aufgelöst wird, die der Sehnerv weiterleiten kann. Die Energie, die ein einzelnes Lichtquant beinhaltet, ist sehr gering. D.h., dieses winzige Energiepaket kann nur geringste Veränderungen bewirken. Eine solche geringste Veränderung haben wir schon im ersten Kapitel erwähnt, als es um die Frage ging, warum das Leben auf der Kohlenstoff-Chemie basiert. Der Kohlenstoff besitzt die Eigenschaft, dass man mit ihm Moleküle bilden kann, die sich bei gleicher Anzahl der verschiedenen Atome, nur durch deren räumliche Anordnung unterscheiden. Man nennt diese Eigenschaft Isomerie. In der Stäbchenzelle befindet sich eine chemische Substanz Retinal, die durch ein Lichtquant in eine andere räumliche Anordnung versetzt wird. Das Retinal wird durch das Lichtquant isomeriert, wodurch eine weitere Substanz, das Rhodopsin, aktiviert wird. Das Rhodopsin löst dann eine ganze Kaskade von weiteren Reaktionen aus, die die Aufgabe haben, das Signal zu verstärken, so dass es schließlich zu einer Erhöhung der Calcium 2+ Ionenkonzentration an der Synapse kommt und damit zu einem Spannungspuls von ca. 0,4 mV/Lichtquant. Trotzdem können wir ein einzelnes Quant nicht sehen. Warum?

Wenn wir unser Auge gut an die Dunkelheit angepasst haben und dann den Sternenhimmel betrachten, sehen wir gerade noch Sterne, von denen ca. 100 Photonen/Sekunde unser Auge erreichen. Oder ein anderes Beispiel: Wir können uns im Dunkeln gerade noch sicher bewegen, wenn eine Stäbchenzelle ein Quant pro Stunde empfängt. D.h., dass bei 120 Millionen Stäbchen in unserer Retina etwa 33000 Quanten/sec unsere Retina erreichen müssen.

Es ist ein thermodynamischer Faktor, der die Empfindlichkeit unseres Auges begrenzt.

Für die Aktivierung des Rhodopsin Moleküls ist nur ein ganz geringer Energiepuls notwendig. In einer Stäbchenzelle sind ca. 50 Millionen Rhodopsin Moleküle, die alle, aufgrund unserer Körpertemperatur, eine thermische Bewegung ausführen. D.h., die Moleküle vibrieren und stoßen aneinander, so dass es auch zu spontanen Aktivierungen von Rhodopsin Molekülen kommt. Es gibt ein Untergrundrauschen (Eigengrau) in unserem Auge, was zur Folge hat, dass ein echter Reiz nur dann erkannt wird, wenn mehrere Rezeptoren gleichzeitig ein Signal empfangen. Diese Schwelle liegt bei 6 bis 10 Quanten/Reiz. Diese hohe Empfindlichkeit hat ihren Preis. Unser Auge ist langsam. Die Ursache

dafür ist, dass der primäre Sehprozess auf chemischen Reaktionen basiert, die relativ langsam sind.
So muss das Rhodopsin immer wieder regeneriert werden, bevor es wieder durch ein Quant angeregt werden kann. Die Folge ist, dass wir u.a. nur 25 Bildfolgen/sec erkennen können. Alles was sich innerhalb einer 30tel Sekunde oder schneller abspielt, nehmen wir nicht wahr. Wir haben aber gelernt, dass dieser Geschwindigkeitsbereich von 1/25 tel sec für unser Überleben ausreichend ist. Für uns ist es viel wichtiger, dass die optischen Eindrücke für unsere Bedürfnisse optimal aufbereitet werden. Deshalb ist der Bereich in unserem Gehirn, der für die Verarbeitung optischer Eindrücke zuständig ist, relativ groß und bestens vernetzt. Für uns ist es u.a. nicht nur wichtig, Kontrast und Farbunterschiede zu erkennen, sondern auch bei unterschiedlicher Beleuchtung die Farben richtig zu erkennen (Farbkonstanz) und auch bei Gegenlicht Bilder und Bewegungen wahrzunehmen. Um wie viel besser ist da unser Auge als ein noch so guter Fotoapparat.
Aber das Gehirn macht noch viel mehr. Es vergleicht sofort den momentanen optischen Eindruck mit bereits abgespeicherten Eindrücken und bewertet dementsprechend den Eindruck. Ist das, was wir gerade sehen, im Vergleich mit früheren Eindrücken gefährlich oder nur einfach schön? Auch dazu benötigt das Gehirn eine gewisse Zeit.
Wir bekommen also wesentlich mehr Information, als nur die, die wir rein physikalisch sehen.
Für uns ist das alles selbstverständlich und wir können darauf vertrauen, dass das, was wir sehen, auch unserer, fürs Überleben notwendigen, Wirklichkeit entspricht.
Diese sehr stark vereinfachte Beschreibung des atomistischen Vorgangs beim Sehen, soll uns aber

wieder zeigen, dass wir unbewusst eine Informationsmenge verarbeiten, die weit größer ist, als uns bewusst ist und die zum Teil auch unterhalb unserer alltäglichen, bewussten Wahrnehmungsgrenze liegt.
Weiter sollte uns klar werden, dass das, was wir sehen, ein Konstrukt unseres Gehirns ist. Die Informationen, die in unser Auge gelangen, werden aufbereitet. Über chemische Reaktionen werden elektrische Potentiale erzeugt, die verstärkt werden, so dass Spannungsimpulse von einigen 10 mV entstehen. Das, was in unserem Gehirn ankommt, hat mit einem optischen Bild nichts mehr zu tun. Im Gehirn wird ein Spannungsimpuls-Muster erzeugt, das – ein Wunder geschieht - auf unserer virtuellen, inneren Leinwand als bildhafter Eindruck erscheint und dieser – das zweite Wunder geschieht – auch tatsächlich einen für uns wesentlichen Aspekt unserer Wirklichkeit widerspiegelt.
Das, was wir sehen, ist zwar nur ein Teil der uns umgebenden, physikalischen Realität. Aber zusätzlich zu dem optischen Eindruck bekommen wir noch Informationen, die für uns als Individuum und Teil einer sozialen Gemeinschaft von Bedeutung sind.

Als weiteres und letztes Beispiel möchte ich auf unser empfindlichstes Sinnesorgan zu sprechen kommen – sie werden es nicht glauben - unser Gehör.
Die höhere Oktav ist die doppelte Frequenz zu einem Grundton. Das Auge umfasst in seinem Wahrnehmungsbereich in dieser Definition nur etwa eine Oktav. Die Frequenz des blauen Lichts ist etwa doppelt so groß wie die des roten Lichts.
Das Ohr umfasst einen Frequenzbereich von ca. 16 Hertz (Hz) bis 20000 Hz, also etwa 10 Oktaven.
Das sagt aber noch nichts über die Empfindlichkeit unseres Gehörs bzgl. sehr leiser Töne aus. Wir wollen ja wissen, ob unsere Sinnesorgane in ihrer Empfindlichkeit

an den Quantenbereich herankommen. Beim Auge war die Empfindlichkeit durch die spontane Aktivierung des Rhodopsins, aufgrund von thermischen Stößen, durch benachbarte Moleküle begrenzt, so dass für einen echten Reiz ca. 10 Photonen notwendig sind. Auch bei einem akustischen Feld kann man eine kleinste Einheit definieren. Diese Einheit wird, in Analogie zum elektromagnetischen Photon, als Phonon bezeichnet. Die Energie eines Phonons nimmt auch mit zunehmender Frequenz zu. Während jedoch ein "gelbes" Photon ca. 500 Billionen Mal/sec schwingt (500 Tera Hz), beträgt die Frequenz im mittleren Hörbereich nur ca. 4 tausend Mal/sec (4 kHz), d.h., die Energie der Phononen ist geringer als die der Photonen. Die Berechnung der Energie eines Phonons ist etwas schwieriger, da die Energie dieser mechanischen Schwingung sehr stark noch von der mechanischen Koppelung mit den umgebenden Atomen abhängt.

Bemerkung:
Analog zum Licht, für das wir ein Sinnesorgan entwickelt haben, das uns die kleinen Energieunterschiede der elektromagnetischen Schwingungen als unterschiedliche Farben erkennen lässt, erkennen wir die höher frequenten und damit auch etwas energiereicheren, mechanischen Luftschwingungen als einen höheren Ton! D.h. wieder, kleinste Energieunterschiede können von unserem Gehirn in Information mit Bedeutung umgewandelt werden! Unser Gehirn hat erkannt, dass eine gewisse elektromagnetische oder akustische Frequenz immer dann auftritt, wenn wir z.B. bluten oder einen giftigen Fliegenpilz sehen oder uns ein bestimmter Pfeifton eines Vogels vor einem Raubtier warnt. Die Frequenz=Energie wurde mit verschiedenen Bedeutungen für uns verknüpft,

die zu ganz unterschiedlichen Reaktionen führen können.
Analoges könnte auch für die winzigen, energetischen Unterschiede zwischen einem up- und einem down-Quark gelten. Jedoch haben wir für diese speziellen Energieunterschiede kein Sinnesorgan. Wir erkennen diese Unterschiede nur mit Hilfe von Messgeräten. Diese Informationen belegen wir mit mehr oder weniger passenden Begriffen aus unserer gewohnten Umwelt, so dass diese Informationen in die Bedeutungswelt unseres Gehirns eingeordnet werden können. Damit wird uns ein nicht vorhandenes Verständnis vorgetäuscht. Das up-Quark hat eine 2/3 positive elektrische Ladung und das down-Quark eine 1/3 negative Ladung. Durch den Zusammenschluss von zwei up-Quarks und einem down-Quark entsteht dann ein stabiles Proton mit einer ganzen, positiven elektrischen Ladung. Es gibt für die Quarks, aufgrund der Information die in unseren Naturgesetzen steckt, die bedeutungsvolle Information, dass sie durch Zusammenschließen/Kooperation einen stabilen Zustand (das Proton) erreichen können. Warum das genau so sein muss, verstehen wir noch nicht!

Ein Ton erreicht über die akustische Welle unser Ohr und gelangt in unseren Gehörgang. Dieser Gehörgang ist ein Hohlraumresonator mit einer Eigenfrequenz von 2-4 kHz und dient hauptsächlich dazu, Richtungs- und Frequenzunterschiede zu analysieren. Durch diesen Gehörgang gelangt die Schallwelle zum Trommelfell und versetzt dieses in Schwingung. Auf der Innenseite des Trommelfells (Mittelohr) befinden sich drei Knöchelchen, Hammer, Amboss und Steigbügel, die die mechanische Schwingung ca. 20-fach verstärken. Das Mittelohr ist

über die Eustachische-Röhre mit der Mundhöhle verbunden. Nur beim Schlucken öffnet sich kurz diese Verbindung, wodurch immer ein Druckausgleich mit dem Mittelohr erreicht wird. Dadurch werden schnelle Druckschwankungen im Mittelohr unterdrückt, was wichtig ist, um die Verstärkung durch Hammer, Amboss und Steigbügel nicht zu mindern. Die mechanische Schwingung wird dann an das Innenohr weitergegeben, wobei darauf geachtet wird, dass es zu keiner Reflexion beim Übergang zur Flüssigkeit des Innenohrs kommt. Im Innenohr findet eine grobe Frequenzanalyse statt. Dabei werden Geräusche und Tongemische nach Frequenz und Amplitude der einzelnen Teiltöne, ohne Berücksichtigung der Phasenunterschiede, zerlegt. Auch hier ist wieder das Ziel, das mechanische Schwingungsmuster in ein elektrisches Impulsmuster umzuwandeln.
Da – im Gegensatz zum Auge - keine chemischen Prozesse dazwischengeschaltet sind, kann das Ohr auch zwei sehr kurz hintereinander folgende Töne (einige Millisekunden) noch gut unterscheiden.
Welche minimale Lautstärke können wir noch hören?
Bei einem gesunden, jungen Menschen beträgt die Hörschwelle bei 1 kHz ca. 2 hunderttausendstel Pa (Pascal). Dies ist der minimale Druck auf das Trommelfell, der noch einen bewussten Reiz unseres Gehörs auslöst. Diesen Wert hat man als Null Pegel, also 0 Dezibel, festgelegt. Dieser Druck für die Hörschwelle entspricht dem 5 billionstel Teil des normalen Luftdrucks. Eine noch höhere Empfindlichkeit des Ohrs wäre nicht sinnvoll, denn dann würden wir das thermische Rauschen, also die Stöße der Luftmoleküle auf das Trommelfell hören.
Die beiden Beispiele zeigen, dass unsere Sinnesorgane in ihrer Empfindlichkeit bis an die Grenze des Sinnvollen

gehen. Dies gilt auch für den Geschmack und den Tastsinn.

Wir sind umgeben von vibrierenden Atomen und Molekülen, die entsprechend den Temperaturen, die auf der Erde herrschen, uns ständig mit einer mittleren Energie von ca. 0,0258 eV (entspricht der Raumtemperatur von 300 K) stoßen. (Unter einem eV= Elektronenvolt verstehen wir die Energiezunahme, die ein Elektron beim Durchlaufen einer Potentialdifferenz von einem Volt erfährt). Damit eine chemische Bindung auf unserer Erde zumindest thermisch stabil ist, sollte die Bindungskraft auf alle Fälle größer als 0,03 eV sein. Die stärksten Bindungen sind die Ionenbindungen, wie z.B. beim Kochsalz (NaCl). Hier wirken die starken elektrostatischen Kräfte, so dass die Bindungsenergie bei 40 eV liegt. Auch Atombindungen, wie beim Sauerstoff (O_2) oder Stickstoff Molekül (N_2), sind mit 2 bis 10 eV noch sehr stark, ebenso die metallische Bindung mit 1 bis 5 eV. Diese Verbindungen sind auch gegenüber Licht stabil. Die Energie eines "roten" Lichtquants liegt bei 1,77 eV, ein "violettes" Lichtquant besitzt eine Energie von ca. 3,1 eV. Bei organischen Verbindungen, also Verbindungen aus denen wir Menschen zum Großteil bestehen, aber auch bei Kunststoffen, finden wir Bindungen, die wesentlich schwächer sind. Die Wasserstoff Brückenbindung, eine Bindungsart, die sehr oft in der DNA vorkommt, liegt bei 0,1 bis 1 eV und andere Bindungen wie Dipol oder Dispersionsbindungen besitzen eine Bindungsenergie von 0,001 bis 0,05 eV. Daraus wird klar, dass viele Materialien, wie z.B. unsere Haut, aber auch Kunststoffe, unter Lichteinstrahlung altern, was nichts anderes bedeutet, als dass chemische Verbindungen aufgebrochen werden und sich das Material verändert bzw. neue, zum Teil, unerwünschte Verbindungen eingeht.

Lichtquanten mit einer Energie unter 1 eV können bereits Elektronen, die um den Atomkern kreisen, auf eine weiter außen liegende, höherenergetischere Bahn anregen. Sie schaffen es aber noch nicht, das Elektron aus dem Atomverbund herauszustoßen. Dieser Vorgang, der als Ionisation bezeichnet wird, ist mit dem kurzwelligeren, energiereicheren UV Licht schon möglich. Wird ein Atom oder Molekül durch einen Stoß mit einem energiereicheren Photon ionisiert, dann ist dieses Ion besonders reaktiv und geht die nächstbeste Bindung ein, durch die es wieder ein Elektron bekommt. Dabei können, für den Körper, schädliche Verbindungen entstehen, weshalb ein Sonnenbrand entsprechend gefährlich sein kann.

Was wir aus den eben diskutierten Energievergleichen folgern, ist die Tatsache, dass unser Körper ständig mit kleinsten Energien umgeht, die in einem Bereich liegen, in dem die Moleküle und Atome mittels schwächster Bindungsenergien miteinander kommunizieren. Denken wir nur an unsere Zellen, wie sie Einflüsse aus der Umwelt dadurch umsetzen, dass sie Gene entsprechend aktivieren oder blockieren bzw. veranlassen, dass Hormone ausgeschüttet werden. Oder die Art, wie sie die vielen Informationen erhalten, die ihnen sagen, was sie für eine Zelle sein müssen, z.B. Leberzelle oder Muskelzelle. Es sind dies schwächste, chemische Bindungskräfte, oft auch nur Affinitäten.

Was nun das Gehirn betrifft, so müssen wir feststellen, dass bzgl. unserer Sinnesorgane nur die entsprechenden Rezeptorzellen, wie z.B. die Stäbchen auf der Retina, diese hohe Empfindlichkeit für Licht besitzen. Die Rezeptorzellen ihrerseits verstärken bereits die schwachen Signale, so dass z.B. der Sehnerv ein Spannungssignal von wenigen mV weiterleiten kann. Es ist dies ein ganz klassisches Signal bzw. eine klassische Information, die so an das Gehirn weitergeleitet wird. Diese Art der Signalverarbeitung unserer Sinnesorgane finden wir bereits bei unseren frühesten, nicht hominiden Vorfahren, wie z.B. bei Fischen oder Reptilien. Für die Erklärung dieser Art von Signalverarbeitung in unserem Gehirn benötigt man keine Quantenphysik.

Was aber noch nicht verstanden ist, ist die Tatsache, dass bereits bei diesen Tieren die elektrischen Signale, die im Gehirn ankommen, wieder zu einem richtigen, bildhaften Eindruck über die momentane Umgebung des Tiers, rekonstruiert werden. Es ist so, als ob die Tiere, aber auch wir, gelernt hätten, das elektrische Muster direkt als Bild wahrnehmen zu können. Stellen sie sich vor, sie schauen eine DVD an und können anhand der dort gespeicherten Muster sofort das Bild erkennen ohne Hilfe eines DVD Recorders.

Dieser sozusagen, "virtuelle" Bildschirm in uns, wurde dann im Laufe der weiteren Entwicklung des Gehirns quasi zu einem virtuellen Raum ausgebaut, in dem wir nicht nur dreidimensionale Bilder sehen können, sondern uns ganze Szenarien vorstellen und uns so verschiedene Sichtweisen unserer Wirklichkeit "vor Augen" führen können. Es ist der Raum, in dem sich unser reflektierendes Bewusstsein abspielt. Je besser die Software eines Gehirns, umso besser und konkreter ist die Simulation von möglichen Lebenssituationen. Man vermutet, dass dieser "virtuelle Raum" etwas mit der Güte des neuronalen Netzwerks zu tun hat. In diesem Raum kombiniert unser Gehirn, wie z.B. in Träumen, alle empfangenen Informationen. In diesem virtuellen Raum werden neue Möglichkeiten kreiert, es werden neue Informationen geschaffen. Wir, bzw. unser Gehirn, hat Zugang zu einem quantenmechanischen Bezugssystem, in dem es keine Ursache und Wirkung gibt. Das hat zur Folge, dass, wenn wir uns an einen Traum erinnern

sollten, wir aus Sicht unseres Ursache-Wirkung Bezugssystems oft unsinnige Dinge geträumt haben.
Was sind das für Vorgänge in unserem Gehirn? Welche physikalische Bedeutung haben diese Möglichkeiten, die durch unser Gehirn schwirren und an die wir uns nur ganz selten erinnern können?
Wenn ein Physiker auf den Begriff Möglichkeiten stößt, dann wird er sofort an die Quantenphysik erinnert. Wir müssen uns deshalb noch mit einigen Aspekten der Quantenphysik auseinandersetzen, mit dem Ziel, das bisher Gehörte in eine mit der modernen Physik verträgliche Sichtweise zu integrieren.

5.8 Zusammenfassung

Bevor wir uns mit den Quanteneffekten befassen, möchte ich zusammenfassen, was wir aus der zum Teil ausführlichen Beschreibung der Funktionsweise unseres Gehirns ableiten können.
Unser Gehirn ist das Organ, welches Signale/Informationen verarbeitet und das auch neue Informationen erzeugt. Unser Gehirn ist der Mittler zwischen uns und unserer Umwelt. Der sensorische Teil des Gehirns funktioniert ganz klassisch. Ein äußerer Reiz, z.B. ein Lichtblitz, ein Ton oder ein Geruch erzeugen, aufgrund der mitgebrachten Energie, einen elektrischen Impuls im Auge, eine mechanische Schwingung im Ohr oder eine chemische Reaktion auf unserer Zunge. Diese primären Reize werden alle letztendlich in einen elektrischen Impuls bzw. in ein elektrisches Muster umgewandelt, das uns den Reiz wahrnehmen lässt. Damit auch ein schwacher Reiz eindeutig wahrgenommen wird, kann er vom Körper elektrisch oder auch chemisch verstärkt werden. Obwohl die äußeren Reize Energie mitbringen, benötigt unser

Gehirn zusätzliche Energie, um die Reize zu verarbeiten, damit wir sie auch eindeutig wahrnehmen.

Außer der reinen Wahrnehmung, also im obigen Beispiel hell, dunkel, rot oder blau bzw. laut oder leise, hoch oder tief, süß oder sauer wird unser Gehirn den Reizen auch eine Bedeutung zuordnen, besonders dann, wenn der Reiz oder die Kombination der Reize neu ist oder öfters auftritt. Der Blitz bei einem Gewitter wird z.B. mit Angst und Gefahr kombiniert, oder wie beim obigen Beispiel mit dem Herd, wird die Gefahr des Verbrennens mit gutem Geruch und Kuchen in Verbindung gebracht. Der klassische Reiz oder die Information werden im Gehirn mit ganz anderen emotionalen oder rationalen Bereichen in Zusammenhang gebracht. Dies geschieht dadurch, dass gemäß unseres heutigen Wissens, ein dreidimensionales, neuronales Netz durch eine Markierung mittels chemischer Verbindungen an den Synapsen aufgebaut wird. Je öfter der Reiz/Information wahrgenommen wird, umso stärker wird die Markierung bis hin zu einer permanenten Dornenbildung. Das hat zur Folge, dass wir etwas dauerhaft gelernt haben. Im Laufe des Lebens entsteht so ein komplexes Netzwerk an Informationen und Eindrücken. Daraus ergibt sich die Tatsache, dass aufgrund der Vernetzung mit anderen Informationen, die das Individuum im Laufe seines Lebens gesammelt hat, jeder Information eine ganz individuelle Bedeutung mitgeliefert werden kann.

Es ist die Bedeutung einer Information, die für uns das eigentlich Wichtige darstellt. Das sollten die vielen, eben geschilderten Beispiele klar machen. Information alleine ist für uns zunächst nur ein Fakt. Wir nehmen diese Fakten zur Kenntnis bzw. wir vergessen sie sofort wieder und damit wäre für uns die Sache erledigt. Damit ist aber unser Gehirn oder auch die Information an sich nicht zufrieden, denn die Information ist ev. auch eine Botschaft über eine Gesetzmäßigkeit. Die Information

enthält eine Botschaft, die ev. für das Individuum von existenzieller Bedeutung ist. Nehmen wir das Beispiel der Farbe Rot. Die Tiere und Menschen haben sicher schon sehr früh Blut gesehen. D.h., die vom Blut reflektierte Lichtwelle hatte eine bestimmte Frequenz und damit eine bestimmte Energie. Unser Gehirn hat mit der Zeit gelernt, dass diese bestimmte Energie des Lichts sehr wichtig für das Lebewesen ist, da sie sehr oft z.B. mit Verletzungen in Verbindung stand. Es war also für das Lebewesen wichtig, Blut und damit die bestimmte Lichtenergie sofort zu erkennen. Die Bedeutung dieser Information war so fundamental, dass unser Gehirn dieser Lichtenergie eine Farbe zuordnete, um diese Lichtenergie sofort zu erkennen. Auch wir benützen diesen Erkennungseffekt, wenn es darum geht z.B. bei der Untersuchung eines Organs einen Tumor zu erkennen. Auch hier machen wir kleine Temperaturunterschiede durch Farbgebung besser sichtbar. Ev. später hat das Gehirn festgestellt, dass eine reife Frucht auch dieselbe Lichtenergie reflektiert wie das Blut. Damit ist die reife Frucht ebenfalls als überlebenswichtig eingestuft worden. Das Interessante dabei ist, dass Rot bei Blut oder beim Fliegenpilz eine lebensbedrohliche Situation signalisieren, während Rot bei einer Frucht eine positive Situation bedeutet. Unser Gehirn hat gelernt, *einer* Information unterschiedliche Bedeutungen zuzuordnen. Das Gehirn hat mit der Zeit einen formellen Ablauf entwickelt, um eine Information auf deren Bedeutungsgehalt für das Individuum hin zu analysieren und zu bewerten. Wurde die Information als bedeutungsvoll erkannt, wird sie so abgespeichert, dass die Bedeutung immer wieder abgerufen werden kann.
Eine wesentliche Konsequenz ist, dass unser Gehirn die Fähigkeit erreicht hat, Informationen aus verschiedenen Perspektiven oder Bedeutungs-

Bereichen zu betrachten, womit wir beim reflektorischen Bewusstsein angekommen sind.

Die Information hat einen Weg gefunden sich selbst zu bewerten, noch dazu im Rahmen der speziellen Bedingungen des jeweiligen Individuums und den speziellen Bedingungen auf unserer Erde.
Jetzt kann etwas ganz Neuartiges passieren!
Wir hören einen Knall, gar nicht so laut, dann sehen wir Leute auf der Straße in eine Richtung laufen (auch eine ganz harmlose Information). Trotzdem stehen wir auch auf und laufen auf die Straße und schauen, ob etwas passiert ist. Wir haben in diesem Moment zwei, eigentlich normale Sinneseindrücke kombiniert und daraus eine neue Bedeutung für uns abgeleitet, nämlich aufzustehen, zu laufen und ev. zu helfen, weil ev. etwas passiert sein könnte. Oder wir hören in den Nachrichten, dass die Förderung von Braunkohle verlängert wird. Die meisten Menschen werden diese Information zur Kenntnis nehmen ohne eine weitere Reaktion, da diese Information für sie keine Bedeutung hat. Es wird aber auch Menschen geben, die aufgrund anderer, abgespeicherter Informationen eine Gefahr z.B. für die Umwelt ihrer Kinder kommen sehen und raffen sich auf, gegen diesen Beschluss etwas zu unternehmen, z.B. zu demonstrieren. Diese Menschen können aufgrund ihres Vorwissens über eine Situation reflektieren, um zu einer Bewertung zu kommen, im geschilderten Fall eben zu demonstrieren.
Genauso hat A. Einstein aus zwei alltäglichen Informationen, nämlich der Erdanziehung (Schwerkraft) und dem Gefühl beim Anfahren eines Lifts gefolgert, dass beide Phänomene dieselbe Ursache haben müssten. Er ist zu einer neuen Bewertung von Fakten gekommen, wodurch diese eine ganz neue Bedeutung bekamen. Unser Gehirn hat etwas Neues geschaffen.

Diese Art einer neuen Information entsteht durch die Wechselwirkung mindestens zweier Bedeutungs-Bereiche. Das Erstaunliche dabei ist, dass durch diese neuartige Information etwas bewegt wird, es wird im klassischen Sinne Arbeit geleistet. In unserem Gehirn werden chemische Reaktionen ausgelöst. Wie oben erwähnt, wir stehen auf und rennen los, oder Einstein schreibt die Relativitätstheorie nieder. Das bedeutet, dass diese neuartige Information eine Energie besitzt. Sedlacek nennt diese Information „strukturelle Information"/26/.
Im Gegensatz dazu entspricht die Entropie einer „statistischen Information", die keine Arbeit mehr leisten kann. Es ergibt sich wieder ganz offensichtlich ein Zusammenhang zwischen Energie und Information.
Damit Information aber etwas bewirken/bewegen kann, kommt es auf die Wechselwirkung zwischen mindestens zwei Bedeutungsbereiche bzw. Energieniveaus an.
In jedem Kraftwerk unterscheiden wir auch zwei Arten von Energie. Die eine Energie kann Arbeit leisten, da ein bedeutender Unterschied zu einem anderen, niedrigeren Energieniveau besteht. Der Energieunterschied dieses letzteren Niveaus zur Umgebung ist dann so gering, dass damit keine effektive Arbeit mehr geleistet werden kann.
Fließt Wasser von einem höheren Becken in ein tieferes Becken, dann kann man damit z.B. einen Stromgenerator betreiben. Das Wasser, das aus dem Generator kommt, fließt auf einem Grundniveau weiter und ist energetisch nicht mehr sinnvoll nutzbar.
Jetzt können wir noch einen Schritt weiter gehen:

Wir haben gelernt, dass auch durch einen extrem geringen Reiz auf molekularer Ebene eine Änderung ausgelöst werden kann, die z.B. dazu führt, dass Moleküle nur ihre Struktur ändern, bei gleicher Zusammensetzung. Dieser Vorgang kann dann wiederum andere chemische Reaktionen auslösen. Denken wir nur an den oben erwähnten Sehprozess oder an die Steuerung der Gene durch die Zelle. Ein Reiz oder ein Signal ist immer mit einem (energetischen) Unterschied zu seiner Umgebung verbunden. Dieser energetische Unterschied hat aber eine Bedeutung z.B. für die Zelle, worauf diese z.B. eine Methylgruppe aktiviert, um ein Gen aus oder ein zu schalten. Man kann solch einen Vorgang einfach als chemische Reaktion bezeichnen. Dabei wird jedoch vergessen, dass diese chemische Reaktion eine ganz spezifische, zielgerichtete Reaktion auslösen soll. Wir bezeichnen diese Weitergabe von Energie/Wissen als Information, die in einem anderen Bereich etwas bewirken soll. Es besteht eine Wechselwirkung zwischen zwei oder mehreren Wissensbereichen. Ein Wissensbereich hat eine Information, die für einen anderen Bereich eine wesentliche Bedeutung hat. Sobald wir etwas unterscheiden können ist das für uns eine Information. Der Unterschied ist immer auf irgendeine Form von Energieunterschied rückführbar, wie bei unterschiedlichen Farben oder Tönen.
Wir können eigentlich nicht zwischen Energie und Information mit Bedeutung unterscheiden.

Die plausible Erklärung ist, dass Information eben auch eine Energieform darstellt.

Wir können jetzt z.B. das Verhalten der Quarks umgekehrt erklären, nämlich, dass eine Information für den kleinen, energetischen Unterschied zwischen

einem up- und down-Quark verantwortlich ist. Die Information besteht darin, dass die beiden Quarks für sich allein instabil sind. Die weitere Information mit Bedeutung ist, dass die beiden Quarks in einen stabilen Zustand wechseln können und dabei in Summe eine ganze, positive elektrische Ladung bekommen, wenn sich zwei up-Quarks und ein down-Quark zu einem Proton zusammenschließen. Das ist aber genauso eine Art von Information die auch eine Zelle benötigt, um von einer nichtspezialisierten Zelle zu einer Muskel oder Nerven Zelle zu werden.
Dass dieses Verhalten zu einer komplexeren, stabilen Struktur führt, ist kein Zufall, sondern wird gesteuert von der Information, die mit dem Urknall unserem kosmologischen Geschehen, in Form der Naturgesetze zusammen mit ihren fundamentalen Konstanten, mitgegeben wurde.
Unsere Naturgesetze waren vom ersten Moment an so darauf abgestimmt, (zeitliche) Stabilität als Ordnungsprinzip zu ermöglichen. Eine Konsequenz dieser Stabilität ist wiederum die Möglichkeit, dass sich komplexe Strukturen entwickeln können.
Diese Vorstellung muss auch im Bereich der Quanten gültig sein. Darauf wollen wir im nächsten Kapitel näher eingehen. Dieses etwas theoretische Kapitel muss nicht unbedingt gelesen werden, kann auch übersprungen werden und Sie lesen unter 6.1 weiter.

6 Quanten, eine Welt ohne Ursache und Wirkung

Die Relativitätstheorie geht noch ganz klassisch davon aus, dass Raum und Zeit kontinuierliche Größen sind, d.h., man kann sie in beliebig kleine Abschnitte unterteilen. Der Abstand zwischen zwei Punkten kann beliebig klein werden und der Punkt selbst wird zu einer idealisierten "Größe" mit der Ausdehnung Null. Gleiches gilt für den Raum. Der kleinstmögliche Raum hat dann das Volumen Null und wird so zum Punkt. Auch die Zeit kann in extrem kurze Abschnitte unterteilt werden, bis der zeitliche Abstand zwischen zwei Messpunkten wiederum Null wird. Daraus ergibt sich ein mathematisches Problem, nämlich, dass die Relativitätstheorie z.B. keine Aussage über den Zeitpunkt Null unseres Kosmos machen kann. Zum Zeitpunkt Null wäre die gesamte Ausdehnung unseres Kosmos Null, was mathematisch eine sogenannte Singularität darstellt. Profan ausgedrückt bedeutet das, dass die Relativitätstheorie über den Ursprung bzw. über den Auslöser des Urknalls nichts sagen kann. Zum Zeitpunkt Null gilt diese, sonst so erfolgreiche Theorie nicht mehr. Auch ist es sinnlos zu fragen, was war vor dem Urknall, da es kein Zuvor gibt, denn ein Zuvor setzt wiederum voraus, dass es eine Zeit gibt, aufgrund derer man ein Vorher und Nachher unterscheiden kann. Die Konstrukte Raum und Zeit, die eine große Errungenschaft unseres Gehirns sind und die für uns so selbstverständlich sind, gelten nicht zum Zeitpunkt Null, weil es beides zu diesem Zeitpunkt nicht gab.

Wir haben im vorigen Kapitel beschrieben, welch großartige Errungenschaft unseres Gehirns es war, Abläufe zu erkennen und den Zusammenhang zwischen Ursache und Wirkung einer Situation zu verstehen. Das war ein entscheidender Überlebensvorteil für uns Menschen. Wir konnten uns jetzt auf Situationen vorbereiten, da wir ihre Gesetzmäßigkeit erkannt haben. Vielleicht haben die Menschen, die die Malereien von Altamira geschaffen haben, damit den Jägern einerseits die Angst vor dem Beutetier genommen, indem man den Jäger bildlich auf das furchteinflößende Aussehen des Beutetieres vorbereiten konnte. Andererseits konnte man dem Jäger zeigen, wie er am besten das Tier erlegen kann.

Unsere ganze abendländische Logik basiert darauf, dass sich aus einer Anfangssituation eine Folge von Ereignissen ableiten lässt, die in einem Ergebnis mündet, das für alle anderen Menschen nachvollziehbar ist. So wie 1+1 zwei ergibt. Ein Grundprinzip unserer Logik ist dabei, dass die zeitliche Abfolge ein Ordnungsprinzip darstellt, die sogenannte Kausalkette. Es ist für uns z.B. ganz klar, dass ein Lebewesen zuerst geboren sein muss, bevor es sterben kann. Ein Zustand der besagt, dass ein Lebewesen sowohl lebendig als auch tot ist, den gibt es für uns nicht. Das sagt uns eine Jahrtausend alte Erfahrung. Es hat noch kein Mensch solch einen Mischzustand von Leben und Tod gesehen.

Aus dieser Art von Erfahrung heraus hat Newton seine Gesetze über die Bewegung von massebehafteten Körpern formuliert. Diese Gesetze setzen voraus - und das wurde auch für ca. 200 Jahre nie in Frage gestellt - dass wir uns in einem sehr großen, statischen Raum befinden, indem sich unser Sonnensystem und unsere Milchstraße bewegen. Auch war es selbstverständlich, dass überall in diesem Raum dieselbe Zeit gilt. D.h., finden irgendwo in diesem Raum zwei Ereignisse statt, dann kann man immer feststellen, welches Ereignis als erstes stattgefunden hat, oder ob sie zufälligerweise gleichzeitig stattgefunden haben. Ähnlich wie einen Gott, gab es immer schon einen Raum und eine kosmologische Zeit. Diese Vorstellungen waren unwidersprochen, da sie mit unserer Alltagserfahrung immer schon übereinstimmten. Wir sind in dieser Vorstellung geprägt! Aus dieser Prägung heraus folgt auch, dass ein massebehafteter Körper sich nicht gleichzeitig an zwei verschiedenen Orten befinden kann oder, wo sich ein Körper befindet, kann sich nicht gleichzeitig auch ein anderer Körper befinden /27/.

Diese fundamentalen Aussagen beruhen auf unserer täglichen Erfahrung und das schon solange sich Menschen darüber Gedanken machten. Es sind dies Aussagen, die von allen Menschen weltweit akzeptiert werden. Diese mit unserer Alltagserfahrung übereinstimmenden Vorstellungen gipfelten Ende des 19. Jahrhunderts darin, dass man sich die Welt und den gesamten Kosmos als eine große Maschine vorstellte. Die Eigenschaften dieser Maschine ergeben sich aus der Summe ihrer Teile, ähnlich wie bei einer mechanischen Uhr. D.h., dass man ein Problem in Teilprobleme zerlegen kann und die Teilergebnisse sich zur endgültigen Lösung zusammensetzen lassen. Dieses mechanistische Weltbild gipfelte in der Aussage: Wenn wir zu einem beliebigen Zeitpunkt den Ort und die Geschwindigkeit aller Atome kennen würden, dann könnten wir den zukünftigen Verlauf des Weltgeschehens voraussagen.

Man muss dazu bemerken, dass der Ansatz, ein komplexes Problem in Teilprobleme zu zerlegen, äußerst erfolgreich war. Er brachte die Physik soweit, dass man auch die elektromagnetischen Phänomene mit den Gleichungen von Maxwell beschreiben konnte. Dies war eine intellektuelle Höchstleistung, einen physikalischen Vorgang, wie es die Ausbreitung von Licht darstellt, in Form einer mathematischen Formel zu beschreiben. Man glaubte für einige Zeit, dass damit die hauptsächlichen Naturphänomene alle beschrieben sind und man war so optimistisch, dass man auch die restlichen kleineren Probleme noch lösen wird. Max Planck wurde abgeraten Physik zu studieren, da es auf diesem Gebiet nichts mehr zu holen gäbe.

Es war eine Zeit, in der ganz klar war, dass das Licht eine Welle ist, denn mit dieser Vorstellung war es möglich, Mikroskope oder Teleskope zu konstruieren.

Man hatte jedoch überhaupt keine Vorstellung, woher die Sonne ihre Energie bezieht.
Man kann es gar nicht hoch genug bewerten, dass es trotzdem Menschen gab, die sich an zunächst kleinen Ungereimtheiten störten und zu der Erkenntnis kamen, dass die Welt doch nicht so einfach wie eine Maschine funktioniert. Fast gleichzeitig wurden durch Max Planck und Albert Einstein ganz fundamentale Vorstellungen, die sich über Jahrhunderte bewährt hatten, angezweifelt und schließlich auch widerlegt. Einstein bewies mit seinen Relativitätstheorien, dass es
1) eine Höchstgeschwindigkeit für die Ausbreitung von Information gibt, nämlich die Lichtgeschwindigkeit,
2) dass die Zeit eine relative Größe ist und von der Geschwindigkeit abhängt, mit der sich eine Uhr bewegt. Bewegt sich ein Objekt/System mit Lichtgeschwindigkeit, dann bleibt die Zeit in diesem System stehen, bzw. es gibt in diesem System keine Zeit,
3) dass die Schwerkraft einer Beschleunigung gleichzusetzen ist,
4) dass der Raum durch Masse verformt wird und
5) dass so etwas Handfestes wie die Masse eines Steines auch als eine Form von Energie zu betrachten ist.
Unsere gewohnte und bewährte Vorstellung vom statischen, immer existenten Raum und von einer absoluten Zeit musste aufgegeben werden.
Aus philosophischer Sicht noch umwälzender waren die Entdeckungen von Max Planck und seiner Kollegen (u.a. W. Heisenberg), die nachgewiesen haben, dass
1) die Energie nicht in beliebig kleine Portionen unterteilt werden kann,
2) das Prinzip Ursache und Wirkung nur für den makroskopischen Bereich gilt,
3) der Ort und die Geschwindigkeit eines Teilchens nicht

beliebig genau bestimmt werden können,
4) Licht sowohl Wellen als auch Teilchencharakter besitzt und
5) es auch für den Raum eine kleinste Einheit gibt.
Bei noch kleineren Dimensionen wird auch der Raum unstetig, also diskret. Man spricht dann von einem Quantenschaum.
Diese sogenannten quantenmechanischen Vorstellungen sind mit den Theorien von Einstein, wenn es sich um kleinste Dimensionen handelt, wie z.B. zum Moment des Urknalls und kurz danach, nicht miteinander vereinbar. Es ist dies das Gebiet, an dem die theoretischen Physiker seit mehr als 50 Jahren arbeiten. Ich will deshalb auf eine genauere Beschreibung der dabei auftretenden Probleme nicht weiter eingehen.
Was bedeuten diese Erkenntnisse nun konkret für unsere Vorstellungen über uns und die uns umgebende Natur?
Beide Theorien, die Relativitätstheorie für große Dimensionen und die Quantentheorie für kleine Dimensionen, sind in der Zwischenzeit bestens, nicht nur durch Experimente, sondern auch durch Produkte, die wir alle im Alltag benützen, bewiesen.
Was die relativistischen Effekte betrifft, ist deren Berücksichtigung z.B. bei allen GPS Systemen notwendig. Die "Uhren" in den dafür notwendigen Satelliten, die um die Erde kreisen, gehen etwas langsamer als unsere Uhren auf der Erde. Auch wenn der Effekt nicht besonders groß ist würde eine Vernachlässigung zu einer ca. einige 100 m falschen Ortsangabe führen.
Für die Relativitätstheorie hat Einstein nicht den Nobel-Preis bekommen, sondern für die Entdeckung des Fotoeffekts. Fällt Licht auf bestimmte Materialien, dann werden in diesen Materialen durch die einfallenden Photonen Elektronen aus ihren Bahnen herausgestoßen.

Es wird Licht in einen elektrischen Strom umgewandelt. Das ist aber nur zu erklären, wenn man dem Licht/Photonen auch Teilcheneigenschaften zuordnet, also ein krasser Widerspruch zur vorherrschenden Meinung, dass Licht ein Wellenphänomen darstellt. Heute benützen jedoch alle digitalen Kameras diesen lichtelektrischen Effekt.
Bei den Quanteneffekten ist die Anwendung in Alltagsprodukten noch häufiger zu finden. 75 % aller neu entwickelten Produkte basieren heute schon auf der Nutzung von Quanteneffekten. Denken wir nur an die Halbleiter und deren Anwendungen oder an Laser oder LED-Lampen.
Man sollte nun meinen, dass wir die Quantenphysik gut verstanden haben, wenn wir sie so sicher benutzen können. Es ist aber eine Tatsache, dass wir zwar wissen, wie sich Quanten verhalten, warum sie sich eben so verhalten, das haben wir aber noch nicht wirklich begriffen.

Was sind nun Quanten?
Bei Quanten denken wir zunächst an das Lichtquant, auch Photon genannt. Dieses spezielle Quant besitzt keine Masse, sondern nur einen bestimmten Energiebetrag. Je kürzer die Wellenlänge des Lichts ist, umso energiereicher ist dessen Quant und umso unterschiedlicher ist unsere Wahrnehmung. Das Quant von Infrarotlicht empfinden wir als Wärme. Das Quant der ultravioletten Strahlung verursacht Verbrennungen der Haut. Röntgenstrahlen durchdringen unseren Körper und wir können sie nicht mit unseren Sinnen erkennen. Sie können aber unsere Zellen schädigen, indem sie Elektronen aus der Atomhülle herausschießen, so dass dann diese ionisierten Atome z.B. unerwünschte Verbindungen eingehen und so unseren Körper schädigen. Noch stärker ist der Effekt bei den Gammastrahlen, einer elektromagnetischen Strahlung,

die noch energiereicher ist als die Röntgenstrahlung. Physikalisch betrachtet ist das Photon das Teilchen, das die elektromagnetische Kraft überträgt. Es ist aber phantastisch, dass unser Körper ein Sensorsystem für ein masseloses Energiebündel (Photon) entwickelt hat. Das Erkennen von Photonen, also das Sehen, war ein riesiger Vorteil für ein Lebewesen, da es viel mehr Information über seine Umgebung erhalten konnte. Für andere Elementarteilchen, z.B. Elektronen, haben wir keine Sensorik entwickelt, außer dass wir einen Stromschlag spüren, ein Sekundäreffekt, hervorgerufen durch die Verbrennung, die ein Stromschlag erzeugt.

Analog zum Photon, das den Überträger der elektromagnetischen Kraft repräsentiert, kann man auch den drei weiteren, fundamentalen Naturkräften/Feldern - der starken und schwachen Wechselwirkung und der Gravitation - solche Teilchen zuordnen, die für deren Kraftübertragung zuständig sind. Die Teilchen für die schwache Wechselwirkung - die den radioaktiven Zerfall steuert - nennt man Eichbosonen, von denen es ein elektrisch neutrales, sowie ein elektrisch positives und negatives Boson gibt. Diese Teilchen besitzen eine relativ große Masse und sind äußerst kurzlebig. Diese „Bosonen", die die schwachen Kernkräfte übertragen, sollten wie die Gluonen und das Photon eigentlich keine Masse haben. Hier half das Higgsfeld, diese Eigenschaft zu erklären. Die (Austausch)Teilchen für die starke Wechselwirkung - die den Zusammenhalt innerhalb des Atomkerns und somit auch innerhalb des Protons und Neutrons bewirkt - heißen Gluonen, also Klebeteilchen. Davon gibt es 8 Sorten. Sie haben die Aufgabe die verschiedenen Quarks innerhalb der Protonen und Neutronen zusammenzuhalten. Das machen die Gluonen durch etwas, wofür wir keinen Vergleich aus unserer Umwelt kennen und so sagt man, die Gluonen

bewirken diesen Zusammenhalt der Quarks durch Übertragung von Farbladungen. Es gibt sechs verschiedene Quarks, von denen nur das up- und das down-Quark in einem Verbund stabil sind. Die anderen Quarks zerfallen kurz nach ihrer Erzeugung. Die beiden etwas „stabileren" Quarks sind drittelzählig in ihrer elektrischen Ladung. Das up-Quark hat eine +2/3 elektrische Ladungseinheit und das down-Quark eine minus 1/3 elektrische Ladungseinheit. Um es noch komplizierter zu machen gibt es bei den up-Quarks einen weiteren Unterschied, den man mit einer Farbe bezeichnet, nämlich rot und grün, während das down-Quark als blau bezeichnet wird. Mischt man die drei Farben, so erhält man weiß. Demnach ist das Proton ein „weißes Teilchen" mit einer ganzen, positiven elektrischen Ladungseinheit, die in ihrem Wert ganz exakt dem negativen Ladungswert des Elektrons entspricht. Man erkennt hier ganz deutlich, dass man für Eigenschaften, für die man in unserer Wirklichkeit nichts ähnliches findet, Begriffe aus unserer gewohnten Umwelt verwendet, um einen Unterschied damit zu charakterisieren. Unterschiede, die alle auf irgendwelche energetischen Feinheiten zurückzuführen sind. Wir finden auch in der organischen Welt solch minimale Unterschiede, z.B. bei Molekülen, die sich nur in der räumlichen Anordnung ihrer Atome unterscheiden, für die die Chemiker Namen erfunden haben wie z.B. Retinal und Rhodopsin!
Das Graviton, also das Teilchen, das die Gravitationskraft überträgt, wurde lange gesucht. Das Problem beim Nachweis dieses Teilchens war, dass es nur eine sehr geringe Wechselwirkung mit unserer Materie besitzt. Aber auch das Neutrino, das ebenfalls nur eine sehr geringe Wechselwirkung mit unserer „normalen" Materie besitzt, wurde erst 30 Jahre nach

dessen theoretischer Vorhersage experimentell nachgewiesen.
Quanten müssen nicht gleichzeitig auch Elementarteilchen sein. Die meisten Quanten haben eine Masse und sind zusammengesetzte Teilchen. Das Photon und das Elektron sind Elementarteilchen, da sie in keine weiteren, kleineren Bestandteile zerlegt werden können. Für die oben erwähnten Eichbosonen und Gluonen trifft das nicht zu. Wir wissen aber in der Zwischenzeit, dass alle Teilchen sich aus hauptsächlich zwei Quarks zusammensetzen lassen, u.a. dem sogenannten up- und dem down-Quark.
Was bedeutet dieses up oder down? Die "Teilchen" unterscheiden sich, wie wir es bereits bei den Gluonen gehört haben, auf eine Art und Weise, wofür wir in unserer Umwelt nichts Vergleichbares finden. Deshalb gibt man einem ev. winzigen energetischen Unterschied irgendeinen Namen. Man findet auch Bezeichnungen wie strangeness oder auch colour. Man kann auch sagen, es sind **Informationen über gewisse Unterschiede.** Um diese Unterschiede wahrnehmen zu können, bedarf es aber einer Energie. Somit kommen wir wieder zu der Erkenntnis, dass Information etwas mit Energie zu tun haben muss.
Ein willkürliches Beispiel wäre, wenn das eine Teilchen in einem Feld nach links und das Schwesterteilchen nach rechts abgelenkt wird. Wir wissen aber nicht warum und sagen einfach, das eine Teilchen ist das rote oder up-Quark und das andere ist das blaue oder down-Quark. Im Gegensatz zum Photon besitzen die eben genannten Elementarteilchen eine mehr oder weniger geringe Masse. Das Elektron besitzt eine Ruhemasse von $9{,}1 \times 10^{-31}$ kg und eine Ruheenergie (multipliziert mit dem Quadrat der Lichtgeschwindigkeit) von ca. 0,5 Millionen Elektronenvolt. Die Energie von 1 eV ist der Energiezuwachs den z.B. ein Elektron beim

Durchlaufen einer Potentialdifferenz von 1 Volt erfährt. Die Angabe einer Ruhemasse bzw. Ruheenergie ist eine mehr rechnerische Größe, da die Teilchen immer in Bewegung sind. Man kann auch dem Photon aufgrund seiner Energie ein Masseäquivalent zurechnen, das z.B. für das Verständnis des Fotoeffekts notwendig ist.

Generell gilt, dass im Bereich der Elementarteilchen der Übergang zwischen Masse und Energie ein übliches Verhalten ist. D.h. aber, dass wir auch unseren Massebegriff neu überdenken müssen. Wieder eine Vorstellung, die sich gegen unsere Alltagerfahrung richtet. Masse bzw. Materie ist nur eine spezielle Energieform, also nur eine unterschiedliche Erscheinungsform von ein und demselben. Es stellt sich dabei die Frage, ob dann Energie nur ein Oberbegriff für etwas ist, das als Arbeit leistendes Etwas in Erscheinung treten kann?

Man kann ganz allgemein sagen, dass alle Teilchen, die in ihrem Verhalten den Gesetzen der Quantenmechanik gehorchen, als Quanten bezeichnet werden. D.h. u.a., dass für diese Teilchen nicht gleichzeitig der Ort und die Geschwindigkeit exakt bestimmbar sind, es gilt das Heisenberg'sche Unschärfe Prinzip. Auch den mit Masse behafteten Teilchen können Welleneigenschaften zugeordnet werden. Es können sich, mit einer gewissen Wahrscheinlichkeit, zwei Quanten am gleichen Ort befinden und die Teilchen bewegen sich sehr schnell, so dass relativistische Effekte zu berücksichtigen sind.

Zunächst will ich aber auf das Photon näher eingehen. Das Photon ist nicht nur das Elementarteilchen, mit dem wir es am häufigsten zu tun haben und wofür unser Körper auch eine Sensorik entwickelt hat. Es ist auch das Teilchen, das meiner Ansicht nach die ausgeprägtesten Quanteneigenschaften besitzt. Ich glaube Prof. Zeilinger von der TU Wien, der sich

Jahrzehnte mit Photonen beschäftigt hat, sagte einmal: wenn wir die Photonen wirklich verstehen würden, dann würden wir die Welt besser verstehen.

Was ist das Besondere an den Photonen? Sie haben keine Masse und bewegen sich deshalb mit Lichtgeschwindigkeit. Das wiederum bedeutet, dass es für die Photonen keine Zeit gibt! Photonen sind ganz außergewöhnliche "Teilchen", die sowohl Teilchen-, als auch Welleneigenschaften besitzen. Sie sind etwas, für das wir, ich sage es immer wieder, in unserer Umwelt nichts Analoges finden. Wir können nur einzelne Eigenschaften mit Bildern aus unserer Umwelt beschreiben. Im Falle des Photons sind dies Eigenschaften, die sich in unserer gewohnten Umwelt gegenseitig ausschließen, denn entweder ist etwas eine Welle oder ein Teilchen. Dieser Dualismus Welle-Teilchen hat die Väter der Quantentheorie über Jahrzehnte beschäftigt.

Wann erscheint uns das Photon als Welle und wann als Teilchen?

Ganz grob erklärt kann man sagen: solange wir uns nicht um das einzelne Photon kümmern, sondern nur an dem Kollektiv Licht interessiert sind, beschreibt man die Photonen am besten mit der Vorstellung von einer Welle. Das Bild von einer Welle ist insofern sehr anschaulich, da es suggeriert, dass das einzelne Photon nicht lokalisierbar ist. Physikalisch korrekter beschreibt die Welle die Wahrscheinlichkeit an einem Ort ein Photon zu finden, falls man es mit einem Detektor suchen würde. Wie ein Gespenst kann man das Photon nicht genau lokalisieren, sondern man kann sagen, dass man an einem Ort ein Photon mit einer gewissen Wahrscheinlichkeit finden wird. Die Angabe über die Wahrscheinlichkeit ist dabei wieder ganz genau. Gleiches gilt auch für Elektronen. Wir sind es so gewohnt von Elektronen als Teilchen zu sprechen.

Deshalb können wir uns zunächst nicht vorstellen, dass auch Elektronen Welleneigenschaften besitzen. Die Elektronen umkreisen den Atomkern eben nicht wie winzige Planeten. In Wirklichkeit können wir nur sagen, dass man mit größerer Wahrscheinlichkeit die Elektronen in bestimmten Energiezonen, die um den Atomkern angeordnet sind, findet, als irgendwo daneben. Dabei muss man sich vorstellen, dass die gesamte Energie des Elektrons über diese Energiezone verschmiert erscheint. Erst wenn wir das Atom mit anderen, energiereichen Teilchen z.B. einem Photon beschießen, können wir ein Elektron lokalisieren, dafür geht aber die Information über dessen Energie verloren. Irgendwie hat man den Eindruck, dass sich die Natur in ihrem Innersten nicht so recht in die Karten schauen lassen will. Eine weitere fundamentale Abweichung von unserer klassischen Vorstellung von Materie ergibt sich aus der Tatsache, dass es quantenmechanisch möglich ist, zwei Teilchen mit einer bestimmten Wahrscheinlichkeit am selben Ort anzutreffen. Eine Tatsache, die in der klassischen Physik unmöglich ist.

Berühmt sind die unzähligen Variationen von Versuchen, bei denen Licht auf zwei eng nebeneinander liegende, schmale Spalte gestrahlt wird und dann auf einer dahinter befindlichen Leinwand die "Abbildungen" der beiden Spalte beobachtet werden.
Nehmen wir zunächst nur einen Spalt und bestrahlen diesen mit Licht. Erwartungsgemäß erscheint auf dem Bildschirm ein etwas verbreitertes, unscharfes Abbild des Spaltes. Die Erklärung ist ganz einfach, wenn man sich das Licht als einen Strom von Teilchen vorstellt. Die Photonen fliegen durch den Spalt und werden am Rand des Spaltes etwas abgelenkt, so dass ein etwas unscharfes Bild vom Spalt auf der Leinwand erscheint.

Denselben Effekt würde man finden, wenn man einen etwas größeren Spalt mit Schrotkugeln beschießen würde.

In dem Moment, wo man den zweiten Spalt öffnet, erscheinen nicht zwei unscharfe Abbildungen der Spalte auf der Leinwand, sondern ein schönes Muster von helleren und dunkleren Linien, ein sogenanntes Interferenzmuster. Zur Erklärung müssen wir nun auf die Vorstellung zurückgreifen, dass Licht eine Welle ist. Man bestrahlt die beiden Spalte mit Licht und jeder Spalt ist dann wiederum die Quelle einer eigenen Welle. Die beiden Wellenfronten treffen sich (sie interferieren) und es kommt zu einer Überlagerung. Dort wo zwei Wellenberge zusammenkommen ergibt sich ein heller Streifen, wo zwei Wellentäler zusammenkommen ein dunkler und dort wo ein Wellental und ein Wellenberg zusammenstoßen kommt es zu einer Auslöschung.

Richtig mysteriös wird das Experiment, wenn wir eine Lichtquelle benützen, die ein Photon nach dem anderen durch die beiden Spalte schickt. Auch in diesem Fall entsteht ein Interferenzmuster hinten auf der Leinwand. Erklären kann man dieses Ergebnis nur damit, dass es den Anschein hat, als ob das Photon durch beide Spalte gleichzeitig gegangen wäre. Wieder eine Tatsache, die total unserer Alltagserfahrung widerspricht. Für uns gibt es das nicht, dass sich ein Teilchen gleichzeitig an zwei verschiedenen Orten befindet! Aber in unserer Modellvorstellung vom Photon ist das die einzige Erklärung für das beobachtete Interferenzmuster. Um das zu klären, bauen wir nun einen winzigen Detektor an jeden Spalt, um feststellen zu können durch welchen Spalt das Photon fliegt und wiederholen das Experiment. Aber welch Wunder! Auf der Leinwand erscheint nicht, wie erhofft, wieder ein Interferenzmuster, sondern es erscheinen zwei unscharfe Abbildungen der beiden Spalte. Plötzlich verhält sich das Licht wieder so, als ob es ein Teilchen wäre. Wir müssen unbewusst etwas Prinzipielles verändert haben. Wir haben immer noch nicht begriffen, dass die Vorstellungen von einem Teilchen bzw. einer Welle Modellvorstellungen aus unserem Alltag sind, dessen Gegenstände den Gesetzen der klassisch, mechanischen Physik, gemäß Ursache und Wirkung, gehorchen.

Was hat sich Prinzipielles geändert? Wenn wir an das erste Experiment denken, bei dem nur ein Spalt verwendet wurde, dann bedeutet dies, dass wir allein durch die Art der experimentellen Anordnung wissen, dass die Photonen durch diesen einen Spalt fliegen. Wir haben unbewusst das Photon lokalisiert und in diesem Moment - auch wenn es uns gerade nicht interessiert - verliert das Photon seine Welleneigenschaft und zeigt sich als Teilchen. Wir haben unbewusst das Photon in unsere Welt (Bezugssystem) geholt, in der das Prinzip von Ursache und Wirkung dominiert.

Beim ersten Experiment mit zwei Spalten wissen wir nicht, durch welchen Spalt das einzelne Photon fliegt, das Photon behält seine Welleneigenschaft. Dies gilt auch dann, wenn nur ein Photon nach dem anderen ausgesandt wird. Das wellenartige Photon ist über einen größeren räumlichen Bereich verschmiert, es ist an beiden Spalten mit einer gewissen Wahrscheinlichkeit zu finden. Die Photonen befinden sich in ihrer Quantenwelt

Bauen wir Detektoren an die Spalte, dann haben wir wieder die Möglichkeit die Photonen zu lokalisieren und somit erscheint uns das Photonen augenblicklich als Teilchen. Allein durch die Existenz des Detektors und damit der Möglichkeit das Photon zu lokalisieren holen wir das Photon aus seiner Welt der Möglichkeiten, in der es keine Zeit gibt, heraus und betrachten es aus der Sicht unserer Kausalwelt, in der das Prinzip von Ursache und Wirkung gilt.

Diese Eigenschaft gilt im Prinzip für alle Quanten. Es ist praktisch ein weiteres Charakteristikum der Quanten.

6.1 Können in unserem Gehirn Quantenzustände existieren?

Aus der bisher beschriebenen Funktionsweise des Gehirns erscheint es plausibel, dass unser Gehirn nicht nur klassische Signale, in Form von z.B. elektrischen Impulsen verarbeiten kann, sondern dass es in seiner assoziativen und gedanklichen Funktion ein quantenhaftes Verhalten zeigt. Wir haben jedoch gerade gelernt, dass ein Quantensystem, also z.B. eine unbeobachtete, elektromagnetische Welle sofort ihr Erscheinungsbild ändert und als Teilchen, also klassisch erscheint, sobald es mit unserer Wirklichkeit in Kontakt kommt. Beim Doppelspalt Experiment zeigt das Licht Teilchen-Eigenschaften, wenn beobachtet werden kann, durch welchen Spalt das Photon fliegt, d.h., es gibt eine Wechselwirkung zwischen dem Spalt und dem Photon. Aufgrund dieses Befundes besteht die vorherrschende Meinung, dass die neuronalen Netze in unserem Gehirn nur ganz klassisch funktionieren, mittels elektrischer Impulse bzw. chemischer Stoffe an den Synapsen. Man nimmt an, dass alle Aktivitäten in unserem Gehirn eine materielle Wechselwirkung mit z.B. den Neuronen oder Synapsen benötigen. Physikalisch ausgedrückt spricht man von der Dekohärenz der Quantenzustände bei einer Wechselwirkung mit unserer Wirklichkeit. Das würde bedeuten, dass in unserem Gehirn keine Quantenzustände existieren können und somit unser Gehirn auch keinen Zugang in den Bereich der Möglichkeiten besitzt, obwohl sogar die Empfindlichkeit unserer Sinnesorgane rein messtechnisch in den Quantenbereich reichen.

Dagegen kann man einwenden, dass es auch sogenannte verschränkte Quantenzustände gibt, wobei z.B. zwei miteinander „verwandte" Photonen über lange Strecken in Glasfasern geführt werden können. Bei der Vernichtung eines Elektrons mit seinem Antiteilchen entstehen zwei Photonen, die von dieser Quelle über Glasfasern in entgegengesetzte Richtung ausgesandt werden. Die so „verwandten" Photonen unterscheiden sich in ihrer Polarisation, d.h., das eine „dreht" sich links herum, das andere rechts herum. Bestimmt man nun die Drehrichtung eines Photons am Ende seiner Glasfaser und man misst z.B. eine Rechtsdrehung, dann nimmt das Photon, das in die entgegengesetzte Richtung fliegt augenblicklich ebenfalls die Rechtsdrehung an. Der Effekt funktioniert auch über große Entfernungen und findet augenblicklich, also mit Überlichtgeschwindigkeit statt. Mir ist dabei wichtig, dass die Photonen sich in einem materiellen Medium, nämlich der Glasfaser befinden und dort über längere Zeit in einem verschränkten Quantenzustand existieren können. Aufgrund der Totalreflexion in der Glasfaser haben die Photonen quasi keine Wechselwirkung mit dem Medium Glas.

R. Penrose hat sich in seinem Buch, Schatten des Geistes, /25/ ausführlich mit dieser Problematik befasst und weist u.a. auf die Existenz von sogenannten Mikrotubuli in unserem Gehirn hin (S. 462). Diese röhrenförmigen Strukturen mit einem Durchmesser von wenigen Nanometern kämen für die Kohärenz von Quantenzuständen in Frage. Aus diesen Gründen gehe ich im Folgenden davon aus, dass unser Gehirn eine quantenhafte Funktionsweise besitzt. Auch unter Berücksichtigung der Tatsache, dass wir gerade erst beginnen, die Komplexität unseres Gehirns zu erahnen. Auch stellt sich mir die Frage, warum wir uns nur in Ausnahmefällen an unsere Träume erinnern können?

Auch das könnte ein Zeichen sein, dass diese Vorgänge keine materiellen Spuren in unserem Gehirn hinterlassen und somit quantenhafte Eigenschaften besitzen.

6.2 Der Einfluss der Bezugssysteme auf unsere Sicht der Welt

Genauso berühmt wie die Experimente am Doppelspalt ist das Gedankenexperiment von Erwin Schrödinger, mit dem er die Physikwelt provoziert hat und mit dem er uns die Realität der Quantenwelt näher bringen wollte.

Es geht um die Schrödinger`sche Katze. Eine Katze wird in eine Kiste gepackt zusammen mit einem radioaktiven Präparat und einer Giftampulle. Sendet das radioaktive Material ein Teilchen aus, so wird dadurch die Giftampulle geöffnet, wodurch die Katze getötet werden würde.

Wir wissen, dass der Zerfall eines radioaktiven Materials spontan erfolgt, in der Art, dass wir nicht sagen können, welches Atom zerfällt, sondern wir können nur sagen, dass in einer bestimmten Zeit die Hälfte aller Atome zerfallen sein werden. D.h., es kann innerhalb der nächsten Sekunde ein Atom zerfallen, aber auch erst in einigen Stunden oder Tagen.

Beschreibt man nun mathematisch, gemäß den bestens erprobten, quantenphysikalischen Gesetzen, den Zustand der Katze, so ist die Katze, die wir in ein Quantensystem transformiert haben, mit einer gewissen Wahrscheinlichkeit lebendig aber gleichzeitig auch tot. Quantenphysikalisch befindet sich die Katze in einem für uns unmöglichen Zwischenzustand zwischen tot und lebendig. Es gibt für uns keinen Zustand, in dem man ein bisschen tot und ein bisschen lebendig ist. Wenn wir die Kiste nach einiger Zeit aufmachen, dann ist die Katze entweder tot oder lebendig, sie ist wieder in unser klassisches Bezugssystem, in dem Ursache und

Wirkung gelten, zurück transformiert worden. Solange die Kiste geschlossen ist, befindet sich die Katze in diesem geisterhaften, quantenphysikalischen Zustand.

Viele Physiker sagen deshalb auch noch heute, dass man die Quantentheorie nicht verstehen kann. Ich bin der Meinung, dass man die Quantentheorie mit unserer evolutionär entstandenen Logik von Ursache und Wirkung nicht verstehen kann. Wenn wir die Quantenphysik verstehen wollen, müssen wir uns in die Welt, in das Bezugssystem, der Quanten begeben. Wir dürfen nicht die Quanten von unserer Welt aus, mit unseren klassischen Vorstellungen und Prägungen betrachten. Wir müssen uns in eine Welt begeben, in der es keine Zeit und deshalb auch keine Ursache und Wirkung gibt, sondern in der es "nur" Möglichkeiten und damit aber auch viel mehr Information gibt. Durch das Prinzip von Ursache und Wirkung wird aus den vielen Möglichkeiten nur eine der Möglichkeiten herausgepickt, die in einer zeitlichen Abfolge passieren kann. Die Informationen über andere Möglichkeiten, die in der Quantenwelt möglich sind, aber gegen unser Ursache – Wirkungsprinzip verstoßen, gehen verloren.
Eine erkenntnistheoretische Leistung von A. Einstein war, dass er die physikalischen Gesetze in Relation zu einem Bezugssystem gebracht hat. Betrachtet man ein physikalisches Geschehen von einem anderen Bezugssystem aus, dann erkennt man die "Subjektivität" eines speziellen Geschehens. Daraus lässt sich dann eine allgemeingültigere Gesetzmäßigkeit ableiten. Ein typisches Beispiel dafür ist die Person, die in einem schnell fahrenden Zug einen Ball auf dem Boden aufspringen lässt und ihn wie ein Basketballspieler immer wieder auf und ab hüpfen lässt. Für die Person im Zug führt der Ball eine ganz einfache Auf- und Ab-Bewegung durch. Nehmen wir an, der Mann im Zug hat

eine Uhr und stellt fest, dass der Ball in 1 sec einmal auf und ab springt, also in 1 sec z.B. 2 m zurücklegt.

Eine andere Person, mit einer identischen Uhr wie der Ballspieler im Zug, sitzt neben dem Bahngleis und beobachtet den Kurvenverlauf des Balles im (gläsernen) Zug. Für diesen Beobachter macht der Ball keine einfache auf und ab Bewegung, sondern eine Sägezahnkurve. D.h., für den außen stehenden Beobachter legt der Ball in 1 sec nicht 2 m, sondern z.B. 2,5 m zurück. Der außenstehende Beobachter stellt in einer Versuchsserie weiterhin fest, dass je schneller ein Zug fährt, umso größer wird der Weg für eine Auf- und Ab-Bewegung.

Was ist passiert?

Der Ballspieler im Zug befindet sich in einem System, das sich relativ zum Beobachter neben dem Bahngleis, mit einer bestimmten, konstanten Geschwindigkeit bewegt. In beiden Systemen gelten dieselben physikalischen Gesetze. Die Geschwindigkeit ist definiert als die Wegstrecke dividiert durch die dafür benötigte Zeit. Die Erklärung für den beobachteten Unterschied ist ganz einfach, wenn man annimmt, dass die Uhr im Zug etwas langsamer geht, als die Uhr des ruhenden Beobachters.

Beide Beobachter stellen fest, dass der Ball für einmal Ab- und Auf-Hüpfen eine Sekunde benötigt. Da der Ball aber für den außenstehenden Beobachter eine längere Strecke zurücklegt als für den Beobachter im Zug, muss die Uhr des Beobachters im Zug langsamer gehen, da die Geschwindigkeit des Balles für beide Beobachter gleich erscheint.

Die Geschwindigkeit des Balles wird von zeitunabhängigen Größen wie Kraft und Elastizität bestimmt. Diese Zeitunabhängigkeit gilt praktisch für alle Naturgesetze.

Genauso erklärt sich auch das Beispiel mit den Zwillingen, bei dem einer der Zwillinge auf der Erde bleibt und der andere in eine Rakete steigt und mit dieser auf Lichtgeschwindigkeit beschleunigt, wofür er nach seiner Uhr z.B. ein Jahr benötigt. Nach einiger Zeit dreht er mit seiner Rakete wieder um und fliegt zur Erde zurück. Dazu muss er z.B. wieder ein Jahr bremsen und kommt so nach seiner Uhr nach wenigen Jahren wieder auf die Erde zurück. Je nachdem, wie lange er mit Lichtgeschwindigkeit geflogen ist, kann es sein, dass sein Zwillingsbruder bei seiner Rückkehr bereits nicht mehr lebt.

Analog war die Erkenntnis von Einstein, dass die Schwerkraft nicht von der Beschleunigung zu unterscheiden ist. Wenn wir im schwerelosen Weltall in einen Lift einsteigen könnten, der seine Geschwindigkeit pro sec um 9,8 m/sec steigert, dann würden wir wieder unser normales Körpergewicht haben wie auf der Erde.

Beide Erkenntnisse führten zu einer Verallgemeinerung der Newton'schen Gleichungen, mit dem Vorteil, dass wir z.B. nicht nur die Bahnen sich sehr schnell bewegender Körper exakt berechnen können, sondern dass wir ganz neue Einsichten bzgl. Raum und Zeit erhalten haben. Das bedeutet aber, dass wir uns bewusst sein müssen, aus welcher Perspektive heraus wir einen Vorgang beobachten. Solange sich Bezugssysteme nur z.B. mit maximal 98% der Lichtgeschwindigkeit bewegen, lassen sich die physikalischen Gesetze noch mit unserer gewohnten Logik verstehen. Wir können die quantitativen Ergebnisse ineinander umrechnen, wenn wir die Relativgeschwindigkeiten der verschiedenen Bezugssysteme kennen.

Ganz anders wird die Situation, wenn sich die Bezugssysteme mit mehr als ca. 98 % oder gar mit

100 % der Lichtgeschwindigkeit bewegen. Die Zeit steht bzw. es gibt keine Zeit mehr, was zur Folge hat, dass es keine Ursache und Wirkung mehr gibt, da es keine zeitliche Abfolge mehr für Ereignisse gibt. Dem Tod eines Lebewesens muss nicht zwangsläufig dessen Geburt vorausgehen. Die Schrödinger Katze kann in dieser Welt ohne Zeit gleichzeitig tot und lebendig sein. Die beiden Zustände tot und lebendig überlappen sich. Alles kann gleichzeitig passieren, quasi alles ist möglich, da es keine Einschränkungen bzgl. einer - für uns logischen, zwangsläufigen - Abfolge der Ereignisse gibt.
Wir sind jetzt bei ganz prinzipiellen, erkenntnistheoretischen Problemen angekommen.
Die Tatsache, dass wir ein Teilchen nicht ganz genau lokalisieren können und auch seine Energie (Impuls) nicht ganz genau wissen können, hat zur Folge, dass wir nicht wie bei einer Uhr die Zukunft genau vorausberechnen können. Es ist prinzipiell nicht möglich eine genaue Aussage über die nächstliegende Zukunft zu machen. D.h., unser so hoch geschätztes Kausalitätsprinzip ist im Quantenbereich ungültig. Aus einer bestimmten Situation heraus folgt nicht zwingend eine einzige andere, sondern es ergeben sich mit unterschiedlicher Wahrscheinlichkeit verschiedene Möglichkeiten.
In dieser „Welt" der Möglichkeiten gibt es viel mehr verschiedene Ereignisse als in unserer Welt, in der nur die Dinge möglich sind, die der Einschränkung einer zeitlichen Abfolge gehorchen. Wenn wir durch ein Experiment eine der Möglichkeiten, z.B. wo sich das Elektron gerade befindet, in unsere Welt herüber holen, dann verlieren wir gleichzeitig die Information über die anderen Orte an denen sich das Elektron hätte aufhalten können.

Wir leben also in einer Welt mit einem stark reduzierten Informationsgehalt im Vergleich zur objektiven Realität. Unser Kosmos ist z.B. vom Prinzip der Stabilität und folglich der Komplexität geprägt.
Wir sind in unserer Welt extrem stark geprägt von der Vorstellung einer zwangsläufigen, zeitlichen Abfolge der Ereignisse, da wir jeden Tag in unserer Umwelt erleben, dass es diese Abfolge gibt.
Wir sind geprägt.
Unser Gehirn hat für die Welt, in der wir leben, diese Gesetzmäßigkeit erkannt und wir haben damit einen enormen Überlebensvorteil gewonnen. Genauso sind wir auf die Existenz eines dreidimensionalen Raums geprägt und auf die zeitlichen Vorgänge in unserer Welt. Für uns bedeutet schnell eine wesentlich geringere Geschwindigkeit als z.B. für die meisten Insekten. Wir sind geprägt auf die Geschwindigkeiten, die für unser Überleben in den vergangenen Jahrtausenden relevant waren. Dafür glaubt z.B. eine „flache, quasi zweidimensionale" Wanze, die Fläche, auf der sie gerade kriecht, ist unendlich groß, da sie sich keine dritte Dimension einer Kugel vorstellen kann.
Aber auch uns könnte es so ergehen wie der Wanze! Die fundamentalen Gegebenheiten auf unserer Erde haben die evolutionäre Entwicklung geprägt. Wir sind ein Produkt dieser Entwicklung und der Umstände in unserem Sonnensystem, das sich am Rande, in einer ruhigen Gegend, unserer Galaxie befindet. Deshalb ist es nicht selbstverständlich, dass wir die objektive Realität überhaupt erkennen können. Plato hat unsere Situation mit Gefangenen in einer Höhle verglichen, die das Geschehen außerhalb der Höhle nur über Schattenprojektionen an der Höhlenwand erkennen. Das ist aber nur ein winziger Aspekt der objektiven Realität außerhalb der Höhle. Erst seit kurzem erweitern wir

unseren Erkenntnishorizont durch Messgeräte, indem wir u.a. Mikroskope und Teleskope benützen.

Eine noch wichtigere Neuerung für die Erweiterung unseres Erkenntnishorizonts ist unser reflektorisches Bewusstsein. Damit war es uns zunächst möglich, unsere Position in der Sippe zu erkennen. Was kann ich im Vergleich zu den anderen Menschen in der Sippe? Was ist meine Position in der Sippe und damit, wer bin ich? Wir können uns quasi von außen betrachten und beurteilen, wie uns andere sehen und einschätzen. Wir können uns auch die verschiedensten Situationen bei der Jagd vorstellen, je nachdem wie sich das Beutetier verhält, wenn es vom Speer an einer bestimmten Stelle getroffen wird. Wir können uns viele Möglichkeiten vorstellen und werden dann nicht überrascht, wenn eine der Möglichkeiten zur Realität wird. Das war und ist auch jetzt noch ein großer (Überlebens)Vorteil, da wir auf eine Situation nicht nur emotional schnell, sondern auch bewusst schnell und richtig reagieren können.

Unser reflektorisches Bewusstsein hat uns bereits im Vorfeld mit einer Information versorgt, die es uns erlaubt, im Ernstfall bewusst und trotzdem schnell auf eine neue Situation zu reagieren.

Später haben wir bemerkt, dass wir mit Gedanken uns ganz neue und schöne Dinge ausdenken können. Man spricht dann von Phantasie oder Träumen. · Ein interessanter Aspekt dabei ist, dass bei einem Traum im Gehirn dieselben Bereiche aktiv sind, wie wenn wir die geträumte Situation wirklich erleben würden. Aber was sind Träume? Träume sind meiner Meinung nach Möglichkeiten, also etwas, das wir bereits aus der Welt der Quanten kennen. Wir können uns beliebig viele Dinge vorstellen, die nicht unbedingt den Einschränkungen unserer Prägung von Ursache und Wirkung oder einer max. (Licht)Geschwindigkeit unterliegen. In Gedanken können wir durch eine Wand

gehen, wir können uns die verschiedensten Verhaltensweisen eines anderen Menschen vorstellen, wir können uns aber auch vorstellen, augenblicklich auf dem Mond zu sein, durch das Weltall mit Überlichtgeschwindigkeit zu düsen, oder als Mikrowesen mit dem Blut durch unseren Körper zu schwimmen.
Diese Eigenschaft setzen nun Wissenschaftler ein, wenn es darum geht, sich vorzustellen, wie es auf dem Mars ausschaut oder wie sich die Materie zusammensetzt oder wie unser Kosmos funktioniert. Diese Gedanken sind zunächst Hypothesen, die erst nach und nach durch Experimente bestätigt bzw. widerlegt werden und erst dann zu einer Theorie und schließlich zu einer Tatsache werden. Ich erinnere nur an die Gravitationswellen, die erst ca. 100 Jahre nach der Veröffentlichung der Relativitätstheorie nachgewiesen werden konnten. Beim Higgs-Teilchen waren es 40 Jahre.
Wir können mit unseren Gedanken über unsere Wirklichkeit hinausgehen in Richtung der objektiven Realität und dabei auf Dinge stoßen, für die wir in unserer Wirklichkeit nichts Vergleichbares kennen. Ich erinnere nur an das Licht, dessen Eigenschaften wir nur durch für uns widersprüchliche Vorstellungen, nämlich Welle und Teilchen, beschreiben können. In vielen Fällen gelingt nicht einmal mehr das und man muss auf mathematische Formulierungen zurückgreifen, z.B. wenn es um mehrdimensionale Räume geht.

Die korrekte Beschreibung von Naturphänomenen mittels der Mathematik ist sehr erfolgreich. Wenn man etwas berechnen kann, dann wird dies für richtig erachtet und man baut im wahrsten Sinne des Wortes darauf, z.B. wenn man eine Brücke baut.
Aber trotz der Erfolge der Mathematik ist auch Vorsicht geboten. Die Tatsache, dass ein Geschehen mathematisch beschrieben werden kann, bedeutet nur,

dass dieses Geschehen im Rahmen der Logik und auch Axiome, die der Mathematik zugrunde liegen, widerspruchsfrei beschrieben werden kann. Es ist damit nicht notwendigerweise bewiesen, dass dieser mathematische Zusammenhang einen Teilaspekt der objektiven Realität beschreibt. Wir müssen im Auge behalten, dass die Mikrowelt nicht unserer Logik gehorcht und wir wahrscheinlich immer noch nicht unsere vollständige Prägung kennen.

Mit dem nächsten Beispiel möchte ich zwei Dinge erläutern, einmal, dass wir uns gedanklich andere Wirklichkeiten vorstellen können und dass wir mit unserem jetzigen Wissen nicht unbedingt die objektive Realität erkennen können. Das Beispiel stammt aus dem sehr informativen Buch von Roland Wingert /28/ mit dem Titel: Von Albert Einstein zur Weltformel.
In diesem Beispiel lebt ein Physiker auf einer Erde, die keine Kugel ist, sondern die Form eines Doppelkegels besitzt, wobei die beiden gleichgroßen Kegel mit ihrer Grundfläche aneinander stoßen, so dass die Spitzen in die entgegengesetzte Richtung schauen. Die Kegel sind sehr groß, so dass der Physiker am Äquator - also an der Naht, an der die beiden Grundflächen der Kegel zusammenstoßen - glaubt, er befinde sich auf einer Ebene – analog wie wir auch meinen, dass unsere Erde flach wäre. Die Kegel sind weiterhin auch so lang, dass er deren Ende nicht erkennen kann. Das Besondere an diesem Planeten ist nun, dass die Temperatur am Äquator 0°C beträgt und zu den Spitzen der Kegel hin stetig geringer wird und an den Spitzen selbst -273°C (absoluter Nullpunkt) erreicht. Da sich unser Physiker im Rahmen, der auf diesem Planeten stattgefundenen Evolution, entwickelt hat, ist er, ohne es zu wissen und zu fühlen, temperaturabhängig geprägt d.h., er hat keine Möglichkeit die Temperaturveränderung zu spüren bzw.

zu messen. D.h. aber auch, wenn er am Äquator eine Größe von 2 m hat und eine Schrittweite von 1 m, dann nimmt sowohl seine Größe, als auch seine Schrittweite zu den Kegelspitzen (Pole)hin stetig ab.
Der Physiker will nun wissen, welche Form sein Planet besitzt. Er wird also den Umfang am Äquator abschreiten und feststellen dass der Umfang z.B. 5 Millionen Schritte, entsprechend 5000 km, beträgt, wofür er eine bestimmte Zeitspanne benötigte, die er als ein Jahr bezeichnet. Jetzt geht er eine gewisse Strecke in Richtung eines „Pols" (Kegelspitze) und bestimmt wieder den Umfang. Da seine Größe und die seiner Messlatte aber proportional zur Temperatur kleiner werden, wird er wieder 5 Millionen Schritte und ein Jahr für die Umrundung benötigen. Er wird dann immer weiter in Richtung des Pols gehen und feststellen, dass er ihn nicht erreichen kann, da er mit abnehmender Temperatur immer kleiner wird. Gleiches gilt auch für die entgegengesetzte Richtung. Der Physiker schließt nun daraus, dass sein Planet die Form eines unendlich langen Zylinders besitzt mit einem Umfang von 5000 km und dass diese gemessene Wirklichkeit einen Teil der objektiven Realität repräsentiert. Von außen betrachtet stellt man jedoch fest, dass die Feststellung des Physikers falsch ist. Seine Wirklichkeit entspricht nicht der objektiven Realität. Ähnlich kann es uns genauso passieren, dass das, was wir als unsere Wirklichkeit bezeichnen, von außen – z.B. aus einer höheren Dimension – betrachtet, nicht der objektiven Realität entspricht.
Für mich bedeutet diese Erkenntnis, dass wir Menschen, bei allem Fortschritt, den wir machen, bescheiden und vorsichtig in unseren Behauptungen bleiben müssen. Denken wir nur kurz an die vielen verschiedenen Vorstellungen, die die Menschheit bereits von der Erde, dem Himmel und dem Kosmos entwickelt hatte und

diese teilweise mit grausamen Mitteln durchsetzen wollte.
Betrachtet man diese Vorstellungen, so repräsentieren sie auch die intellektuelle Entwicklung der Menschheit, indem wir von stark egozentrischen Vorstellungen zu immer objektiveren, abstrakteren Vorstellungen über unsere Umgebung gelangt sind. Der Lichtkegel unserer Erkenntnis hat sich immer mehr erweitert, so dass wir ganz neue Zusammenhänge und Wechselwirkungen erkennen konnten. Was uns dabei hilft, ist unsere Fähigkeit, uns und unsere Umgebung in Gedanken immer besser vom Standpunkt eines imaginären, außenstehenden Beobachters zu betrachten.
Im Alltagsleben gehen wir mit Gegenständen um, also mit Materie. Wir bewegen mittels Energie diese Materie und wir spalten schwere Atome oder verschmelzen kleinere Atome, um Energie zu gewinnen. Wir kommunizieren mit Sprache, also mit akustischen, mechanischen Wellen, aber auch mit elektromagnetischen Wellen, wobei sich die zu übermittelnde Information maximal mit Lichtgeschwindigkeit ausbreitet. All diese Fähigkeiten sind durch unseren Intellekt entstanden, der die Gesetzmäßigkeiten, die unser Gehirn erkannt hat, in eine abstrakte, mathematische Sprache übersetzen konnte, so dass alle Menschen auf dieser Welt einen Sachverhalt eigenständig überprüfen und weiterentwickeln können. Unser Gehirn hat Information mit Bedeutung geschaffen, dadurch dass wir über Fakten reflektieren konnten und sie aus verschiedenen Perspektiven bewerten konnten!
All diese Fähigkeiten gehören derselben Kategorie an, die ich alle als klassisch oder materiell bezeichnen möchte, da sie alle unserer Logik, geprägt durch das Ursache-Wirkungs-Prinzip, gehorchen.

Davon unterscheiden sich ganz prinzipiell die „Möglichkeiten".

7 Information, Gedanken und Möglichkeiten

Logik bringt dich von A nach B. Deine Phantasie bringt dich überall hin.
Albert Einstein

Beginnen wir zunächst mit Information.
Der Mensch ist ein Lebewesen, das ein großes Bedürfnis nach Information hat. Wir sind unheimlich neugierig und wir haben einen Drang, wenn wir etwas gelernt oder erfahren haben, diese Information an andere weiterzugeben. Wir sprechen, wir schreiben, wir mailen, wir twittern etc. Wir können unser Wissen, sprich Information, immer schneller an einen immer größer werdenden Personenkreis weitergeben. Unsere Information wird von anderen kopiert und wiederum an andere weiterverbreitet. Diese Information besitzt Bedeutung und kann somit etwas bewirken. Sie kann dazu führen, dass sich das Verhalten von Menschen ändert oder dass wir einen Sachverhalt verstehen und daraufhin neue Produkte entwickeln können.
Wir können diese Information auch speichern, damit sie der Nachwelt erhalten bleibt. Die haltbarsten, von Menschen geschaffenen Speichermedien sind gebrannte Tontafeln mit Keilschrift-Texten (Mesopotamien) oder die in Granit gemeißelten Hieroglyphen der alten Ägypter. Ein wesentlich beständigeres Speichermedium hat die Natur in Form der DNA entwickelt. Wie bereits oben erwähnt gibt es DNA Sequenzen, die seit Millionen von Jahren unverändert geblieben sind und anscheinend immer repariert werden, sobald sie von einem Teilchen getroffen und dadurch chemisch verändert werden. Die

darin gespeicherten Informationen sind fundamental. Sie enthalten u.a. die Information über das Prinzip unseres Körperbaus mit symmetrischem Skelett, Brustkorb und geschlossenem Blutkreislauf. Diese Informationen sind über Millionen Jahre konstant geblieben und wurden höchstens in sehr kleinen Schritten weiter optimiert. Andere, jüngere Genabschnitte z.B. bzgl. Hautfarbe, Erscheinungstyp (z.B. asiatisch oder europäisch) oder Resistenzen des Immunsystems enthalten Mutationen, die für eine Flexibilität, bezogen auf sich verändernde Umweltbedingungen, sorgen. Wir haben bereits im Vorangegangenen erfahren, dass unsere DNA nicht nur die Information für die Herstellung des Baumaterials für einen Menschen enthält, sondern auch die Information, wie dieses Material sinnvoll zusammengesetzt werden muss, damit daraus ein Mensch und kein Affe oder keine Maus entsteht.

Wir haben weiterhin schon gelernt, dass es z.Z. schon möglich ist, ein Atom, das speziell markiert wurde und damit ein individuelles Atom wurde, an einen anderen Ort zu beamen. Dabei wird aber nicht das individuelle Atom schnell an einen anderen Ort transportiert, sondern es wird nur die Information, die zur Individualisierung des Atoms geführt hat auf ein gleichartiges, anderes Atom irgendwo übertragen. Dabei verliert das ursprünglich individualisierte Atom seine Individualität.

Würde man einen bestimmten Menschen beamen wollen, dann müsste an dem Ort, an den er gebeamt werden soll, zumindest das Baumaterial für einen Menschen vorhanden sein. Dann würde man z.B. zwei Informationspakete übermitteln, einmal für einen Menschen generell und dann als zweites Paket die Information über dessen Individualität, also z.B. wie sein neuronales Netzwerk in seinem Gehirn verdrahtet ist. Z.Z. haben wir weder die Information über die Bauprogramme eines Menschen, noch die Information über die Verdrahtung in den neuronalen Netzen. Die Übertragung solch riesiger Datenmengen selbst wird in Zukunft kein Problem bereiten. Zu diesem Thema empfehle ich das Buch von Ray Kurzweil /29/(u.a. Chefstratege bei Google) „Menschheit 2.0" in dem er u.a. prognostiziert, dass wir ca. 2045 einen Computer mit dem Volumen von ca. 1 Liter für 1000 US$ kaufen können, der in Sekundenschnelle das gesamte Wissen, das die Menschheit bisher gesammelt hat, durchscannen kann. Durch Einsatz von Nanobots (molekulare Roboter, siehe u.a. CRISPR/CAS) und gezielte Steuerung unseres Stoffwechsels können wir dann auch eine Art von Unsterblichkeit erreichen.

Wir stellen anhand all dieser Beispiele wieder fest, dass die Information das Wesentliche an der Weiterentwicklung des Menschen und dessen Kultur darstellt.

Bemerkung:
Wir sind einen weiten Weg gegangen. Vom Urknall bis zu dem uns bekannten, komplexesten Gebilde, unserem Gehirn. Wir haben bereits ziemlich am Anfang gelernt, dass die Entstehung von Komplexität und Stabilität eine Menge Energie benötigt. Denken Sie nur an die Entstehung der schweren Elemente. Man könnte nun einfach sagen, dass die Entstehung von Leben und organischer Komplexität bzw. Stabilität auch eine Menge Energie erfordert und wir wissen, dass eine Hochkultur einen besonders hohen Energiebedarf hat, der an die Grenzen der natürlichen Ressourcen auf unserer Erde reicht. Genauso entsteht eine Menge unbrauchbarer Energie, was wir z.B. an den Kühltürmen der Kraftwerke erkennen. Soll es da irgendeinen prinzipiellen Unterschied zwischen der Evolution der Materie und des Lebens geben? Wir haben auch am Anfang festgestellt, dass die Evolution des organischen Lebens gemäß den Naturgesetzen vonstattengeht und so hat sich auch

unser Gehirn gemäß diesen Gesetzen entwickelt und kann somit auch Gegenstand wissenschaftlicher Erkenntnis sein!

Warum haben wir uns so ausführlich mit molekularen Vorgängen, mit Intelligenz, Information, Bedeutung, Gedanken und Möglichkeiten befasst?

Es sollte aufzeigen, dass die Komplexität bzw. die Informiertheit, die das Leben erzeugt u.a. eine andere Qualität besitzt, als die des materiellen Geschehens.

Was ist bei der vom Leben erzeugten Informiertheit anders als beim materiellen Geschehen?

Der Unterschied ist der, dass das Leben Informationen nicht nur erzeugen, sondern auch bewerten kann, indem das Leben über die Informationen reflektiert. Nur das intelligente Leben kann die Frage nach dem Wie und Warum stellen. Wir können die Frage stellen: Warum sind die Naturgesetze genau so wie sie sind? Das Leben kann die fundamentale Information der Naturgesetze hinterfragen und könnte etwas finden, was diesem Ordnungsprinzip zugrunde liegt. Dieses Neue wäre eine Information, die das Grundverständnis der Naturgesetze betrifft und die dazu führen könnte, die Entwicklung der Materie vom Quark bis hin zu den Elementen nicht nur zu verstehen, sondern letztlich auch zu beeinflussen. D.h. ein hochintelligentes Leben könnte die Basisinformation, auf der die Evolution unseres Kosmos basiert, verändern!

Das Leben, sollte es von der Materie genügend Zeit und Energie bekommen, könnte das Zustandekommen und die Bedeutung der Naturgesetze verstehen und ev. einen eigenen kosmologischen Neustart unter veränderten Anfangsbedingungen initiieren.

Das wäre schon fast ein Schöpfungsakt, aber eben nur fast, da die Spielregeln irgendwoher gekommen sind.

7.1 Wie schafft es die Information, Materie zu gestalten?

Wir alle wissen, dass es Kraft und Energie kostet Materie zu bewegen bzw. in eine bestimmte Form zu bringen. Die Atome müssen ja bestimmte Bindungen eingehen, um komplexere Moleküle zu formen, damit zunächst das organische Baumaterial für einen Menschen entsteht. Dann muss noch eine Arbeitsteilung zwischen den verschiedenen Molekülen organisiert werden, was sicher auch einen bestimmten Energieaufwand bedeutet.
Information muss also auch eine gewisse Energie enthalten, um sich durchsetzen zu können oder ist Information selbst eine Energieform?
Es ist verwunderlich, dass diese fundamentale Frage nicht in größerem Umfang von den Physikern bearbeitet wird. Die meisten sind noch fasziniert von Einsteins Formel Energie = Masse x Lichtgeschwindigkeit².
Die Feststellung, dass auch Information eine Energieform darstellt, ist nicht neu, sie ist aber wahrscheinlich noch fundamentaler und bedeutender als Einsteins Formel.
Klaus-Dieter Sedlacek hat in einem längeren Aufsatz mit dem Titel „Äqivalenz von Information und Energie" auch den mathematisch ableitbaren Zusammenhang zwischen Information und Energie aufgezeigt. Interessant ist, dass er dabei verschiedene Arten von Information definiert. U.a. eine statistische Information, die der Entropie entspricht und nichts mehr bewirken kann und eine strukturelle Information, eine Information

mit Bedeutung, die etwas bewegen kann, die also Arbeit leisten kann und somit einer Energie entspricht.
Wahrscheinlich als erster hat der Physiker Ludwig Boltzmann erkannt, dass in der Wärmelehre der Begriff Entropie nicht nur mit der Arbeitsfähigkeit eines Systems (z.B. Heizkraftwerk) in Verbindung gebracht werden kann, sondern auch mit Information. In diesem speziellen Fall mit fehlender Information über ein System, denn in einem Dampfkessel kennt man zwar die Anzahl und die mittlere Geschwindigkeit der Wassermoleküle, aber man weiß nichts über deren Mikrozustände wie z.B. momentaner Ort, Geschwindigkeit oder Richtung. Daraus folgt z.B., dass eine leere DVD mit 4,7 GB Speicherplatz genau eine Entropie von 4,7 GB besitzt oder man kann diesen Wert mit Hilfe der Boltzmann Gleichung in die Einheit der Wärmelehre Joule/Grad umrechnen. Diese Informationsart bezeichnet Sedlacek als statistische Information, eine Information ohne Bedeutung. Ein Beispiel wäre der Satz: *Eckige Sätze sind blau!* Dieser Satz ist zwar grammatikalisch richtig, ergibt aber keinen Sinn.

Weiter folgt, dass ein System nur dann eine Arbeit leisten kann, wenn das System Bereiche enthält, zwischen denen ein Energie- bzw. ein Bedeutungsunterschied besteht. Information bekommt eine Bedeutung, wenn sie auf einen anderen, z.B. schon vorhandenen Informationspool trifft. Die Nachricht: „Ein Flugzeug ist abgestürzt", bekommt durch das von uns bereits abgespeicherte Wissen eine Bedeutung. Wir stellen uns die verschiedensten Dinge vor, z.B. die Angst der Passagiere, Schmerzen, Rettung oder auch Verlust eines lieben Menschen. Dabei wird solch eine Nachricht für jeden Menschen eine etwas unterschiedliche Bedeutung haben, je nachdem was er in seinem Leben bereits erlebt hat und welche ethischen Werte für ihn wichtig sind. Es wird jeder Mensch etwas unterschiedlich reagieren, der eine wird traurig sein, der andere stürzt zum Telefon und der Rettungssanitäter eilt zu seiner Einsatzstelle.

D.h., Information mit Bedeutung bewirkt etwas, sie leistet Arbeit!
Da Arbeit aber gleich Energie ist, bedeutet dies, dass Information mit Bedeutung äquivalent zu Energie ist.
Im Bereich der Quanten würde, aufgrund der Information der Naturgesetze und Naturkonstanten, die Bedeutung für die einzeln instabilen up- und down-Quarks darin bestehen, dass sie sich zu einem stabilen Gebilde, dem Proton, zusammenschließen können. Es ist ein bedeutender Unterschied zwischen den einzelnen, instabilen Quarks und dem Zustand eines stabilen Protons!

Warum hat dieser Zusammenhang nicht die ganze Fachwelt fasziniert?

Bei Einsteins Energie-Masse Äquivalent wurde kurze Zeit später die Atombombe gezündet und jedem wurde klar, welche Power hinter dieser Formel steckt. Bei Boltzmanns Informations- und Energie-Äquivalent war das Problem, dass die Entropie eines Kraftwerks der nicht nutzbaren Energie entspricht, also dem, was in den Kühltürmen (oder im Kühler unseres Automotors) verbraten wird. Es ist der nicht arbeitsfähige Energieanteil eines Systems.

Information mit Bedeutung dagegen aktiviert uns entweder zu Gedanken, Gefühlen oder zu Aktionen. Für die unbelebte Materie gilt, dass sie sich zu höherer Komplexität hin entwickelt. Was kommt im physikalischen Sinne dazu, damit Information eine Bedeutung bekommt?

Es müssen Beziehungen oder Relationen bzw. Wechselwirkungen dazu kommen, also genau das, was in der Quantenphysik geschieht.
Also Wechselwirkungen zu anderen Informationen, die z.B. im informierten Individuum bereits vorhanden sind. Durch die Wechselwirkung zwischen mindestens zwei Informationspools ergibt sich eine Arbeitsfähigkeit. Wir werden aktiviert etwas für uns Neues zu erkennen oder etwas zu tun!

Wenn wir feststellen, dass Information eine Energieform darstellen kann, die Energie wiederum gemäß Einstein ein Masseäquivalent besitzt, dann stellt sich die Frage, ob nicht auch der Information ein Masseäquivalent zugeordnet werden kann. Wir sind ja bereits bei der Diskussion über die Quanten auf das Problem gestoßen, wodurch unterscheiden sich die verschiedenen Elementarteilchen? Was bedeutet strangeness, colour oder up/down? Werden diese kleinen Energieunterschiede durch Informationsunterschiede bewirkt? Schließlich hat jedes Elementarteilchen in unserem kosmologischen Gefüge eine Aufgabe, so wie die verschiedenen Zellen in unserem Organismus auch! Eine Nervenzelle bleibt eine Nervenzelle, weil sie sich in einem ständigen Informationsaustausch mit ihren Nachbarzellen befindet.

Wenn wir die Evolution des Kosmos von Beginn an verfolgen, dann hat man das Gefühl, dass von Anfang an ein Ordnungsprinzip wirkt. Wir haben in einem früheren Kapitel die Hypothese aufgestellt, dass sich aus einem Quantenschaum heraus eine große, zeitlich stabile „Blase" entwickeln konnte, weil in dieser „Blase" einige, wenige Naturkonstanten einen bestimmten Wert hatten. Unter Naturkonstanten verstehen wir physikalische Größen, deren Wert sich nicht beeinflussen lässt und die sich auch zeitlich und räumlich nicht verändern. Es sind dies die

Lichtgeschwindigkeit, das Planck'sche Wirkungsquant, die Gravitationskonstante und die Elementarladung. Dann gibt es noch mehrere Konstante, die sich aus den Werten der gerade genannten Konstanten zusammensetzen. Eine davon ist z.B. die Sommerfeld'sche Feinstrukturkonstante. Sie beschreibt u.a. die Stärke der abstoßenden bzw. anziehenden Kraft zwischen zwei elektrisch geladenen Teilchen. Wir haben weiter oben schon erwähnt, dass die Werte dieser Konstanten auf sehr viele Dezimalstellen genau eingehalten sein müssen, andernfalls würden die Atome in sich zusammenfallen bzw. sich vernichten. Ein Beispiel dafür war, dass der Wert der positiven und negativen Einheitsladung auf über 10 Stellen nach dem Komma übereinstimmen muss, damit es u.a. stabile Atome geben kann.

Die Werte dieser Konstanten und der dahinter stehenden Naturgesetze, stellen eine Information dar, die die gesamte Evolution unseres Kosmos bis heute beeinflussen.

Diese fundamentale Information, die unserem Kosmos mit dem Urknall mitgegeben wurde, nämlich stabil zu sein, bewirkte die Entstehung komplexer Strukturen vom Elementarteilchen über die Elemente bis hin zu unserem Gehirn. Diese fundamentale Information beherrscht das gesamte Entwicklungsgeschehen nicht nur auf unserem Planeten, sondern im gesamten Kosmos.

Die Tatsache, dass diese Information bis heute alles Geschehen in unserem Kosmos beherrscht, ist sicher auch ein Beweis dafür, dass in dieser Information eine enorme Energie steckt, denn nur Energie kann etwas verändern und Arbeit leisten!

Wenn dem so ist, dann hätten wir ganz natürlich auch eine Vorstellung bekommen, was Energie eigentlich ist. Bisher konnten wir nur die verschiedenen

Erscheinungsformen der Energie bzgl. ihrer Wirkung beschreiben, z.B., kinetische (Bewegungs-)Energie oder potentielle Energie. Jetzt erkennen wir, dass uns die Energie in allen Fällen eine Information über weiterführende Entwicklungsmöglichkeiten vermittelt. Deshalb müsste auch in der Materie eine große Menge an Informationsenergie stecken, denn auch die Materie hat sich zu höherer Komplexität hin entwickelt.

Tatsächlich haben T. Görnitz und B. Görnitz in ihrem Buch „Der Kreative Kosmos" einen quantitativen Zusammenhang zwischen Information und Masse abgeschätzt /10/. Sie greifen dabei theoretische Überlegungen von C. F. v. Weizsäcker auf, der die Hypothese aufstellte, dass alle Elementarteilchen aus quantisierten, binären Alternativen aufgebaut werden können. T. Görnitz kommt mit seinen Überlegungen zu einer groben Abschätzung für den Informationsgehalt eines Protons von 10 hoch 41 Qubit, entsprechend für das viel kleinere Photon von 10 hoch 30 Qubit.

Was daraus folgt, ist die Erkenntnis, dass wir sagen können, es bedarf einer bestimmten „Informationsmenge" für ein up- oder down-Quark und es bedarf einer weiteren Informationsmenge, um diese Quarks zu veranlassen, ein stabiles Neutron oder Proton zu bilden.

Sie werden vielleicht bemerkt haben, dass sich eine neue Maßeinheit eingeschlichen hat, nämlich das Quantenbit. Bei der DVD haben wir noch von Bit bzw. Gigabit gesprochen. Was ist der Unterschied? Wir haben bisher von klassischer Information gesprochen, also einer Information die wir als Fakt/Tatsache bezeichnen. Wir haben uns entschieden, diese Information auszusprechen und weiterzugeben. Es ist eine Entscheidung in unserem Gehirn gefallen, wir sind zu einem Entschluss gekommen. Diese Art der Information wird in Bits gemessen und stellt eine Ja/Nein Alternative dar. Das Qubit dagegen ist die Maßeinheit für die überlagerte Ja/Nein Alternative. Die Schrödinger´sche Katze ist eben zu 50 % tot und lebendig. Quantenbits beschreiben den Informationsgehalt von **möglichen** Entscheidungen. In quantenmechanischen Systemen wird zur Zeit der Messung eine Wahrscheinlichkeits-Aussage gemacht, also mit welcher Wahrscheinlichkeit wir z.B. ein Elektron auf einer bestimmten Bahn um den Atomkern herum antreffen werden. Die Wahrscheinlichkeitsfunktion stellt dabei eine Mischung/Überlagerung zweier oder mehrerer verschiedener Elemente aus zwei unterschiedlichen Wirklichkeits- oder Bedeutungsebenen dar, z.B. unserer gewohnten klassischen Wirklichkeit und der Ebene der Möglichkeiten, in der sich die Quanten bewegen. Diese Vermischung der Realitätsebenen ist das Problem, das wir mit der Quantenphysik haben, da wir immer geneigt bzw. gewohnt sind, alles basierend auf unserer Ursache-Wirkungs-Logik zu beurteilen. Dass wir trotzdem so sicher mit quantenphysikalischen Vorgängen umgehen können und die meisten unserer neuen Produkte in irgendeiner Weise von Quanteneffekten abhängen, beruht darauf, dass wir uns auf die Wahrscheinlichkeitsaussagen der Quantenphysik zu 100% verlassen können. Analog zur Thermodynamik, wo wir auch nicht den Bewegungszustand eines jeden Moleküls im Dampfkessel kennen und trotzdem ein funktionierendes Kraftwerk betreiben können. So ist es auch nicht notwendig, den genauen Ort und die Energie der einzelnen Quanten zu kennen, um z.B. einen Laser bauen zu können.

7.2 Was sind Gedanken und Möglichkeiten?

Die Schwierigkeit bei den beiden Begriffen ist, dass wir sie auch in unserem Alltag benützen und vermischen

und wir dabei immer etwas darunter verstehen, was mit unserer Logik von Ursache und Wirkung vereinbar ist.
Wenn wir jedoch ein Problem zu lösen haben, dann „geht uns das Problem zunächst im Kopf um" und das bei Tag und Nacht. Wir machen uns Gedanken, wie man das Problem lösen könnte. Dabei kombiniert unser Gehirn unbewusst die verschiedensten, gespeicherten Fakten unabhängig von ihrer Realisierbarkeit in unserer Wirklichkeit. Meistens entstehen im Schlaf/Traum, aus der Sicht unserer Wirklichkeit, in der das Prinzip von Ursache und Wirkung gilt, völlig unsinnige Kombinationen. In dieser unbewussten, gedanklichen Phase, befinden wir uns in der Quantenwelt, in der es keine Ursache und Wirkung gibt und somit auch kein sinnvoll oder unsinnig, sondern eben nur wertefreie Möglichkeiten.

Ich möchte Gedanken somit als wertefreie Möglichkeiten bezeichnen, denen noch keine Wahrscheinlichkeit bzgl. Realisierbarkeit zugeordnet werden kann und die auch keine (kaum eine) materielle Wechselwirkung mit unserem Gehirn bewirken.

Erst in einem zweiten Schritt holen wir diese Gedanken in unser Bewusstsein, d.h. in unsere Welt, in der Ursache und Wirkung gelten und bewerten die verschiedenen Gedanken aus der Sicht dieser Realität. Wir können den verschiedenen Gedanken eine Wahrscheinlichkeit bzgl. ihrer Realisierbarkeit zuordnen. In diesem Moment beginnt auch eine materielle Wechselwirkung mit unserem Gehirn. Damit werden die Gedanken für uns zu realen Möglichkeiten. Dieser Zustand der Entscheidung entspricht im atomaren Bereich der Aussage, dass wir ein Elektron, das z.B. um den Atomkern eines Eisenatoms kreist, mit einer bestimmten Wahrscheinlichkeit auf einer bestimmten Bahn finden werden oder, dass die Schrödinger'sche Katze zu 50 % tot oder lebendig ist, solange wir die Kiste noch nicht geöffnet haben. Wir haben aber in diesem Fall schon den Zustand der Katze aus der Sicht unserer Realität bewertet und zwei reale Möglichkeiten definiert, nämlich tot oder lebendig. Der nächste Schritt ist dann die Entscheidung. Wir öffnen die Kiste und finden die Katze entweder tot oder lebendig. Oder in unserem Fall einer Problemlösung, entscheiden wir uns meistens für die Lösung mit der höchsten Wahrscheinlichkeit zur Realisierung. Jetzt werden die neuronalen Netze aktiviert, ob z.B. weitere nützliche Informationen vorhanden sind, die zur Lösung des Problems noch etwas beitragen könnten. Mit dieser Entscheidung haben wir alle anderen, möglichen Lösungen verworfen, was einen Informationsverlust bedeutet. Die Konsequenz aus dieser Tatsache ist, meiner Ansicht nach ganz fundamental, nämlich, dass die Welt der Möglichkeiten auch die Welt mit dem höheren Informationsgehalt darstellt. Denken wir zurück an den Ursprung unseres Kosmos. Wenn wir den, aus quantenmechanischer Sicht, sinnvollen Ausgangszustand eines winzigen Quantenschaumes annehmen, aus dem blasenförmig die verschiedensten „Kosmen" mit unterschiedlichsten Lebensdauern und mit unterschiedlichsten Kombinationen an Naturkonstanten herauswachsen, dann besitzt dieser Zustand einen höheren Informationsgehalt als unser Kosmos, da unser Kosmos nur eine Möglichkeit von vielen darstellt, nämlich den mit einer hohen zeitlichen Stabilität. Weiter folgt daraus, dass mit jeder weiteren Entwicklung in unserem Kosmos ein Informationsverlust einhergeht. Z. B., dass die Antimaterie verschwindet oder dass sich ein bestimmtes Periodensystem der Elemente bildet. Diese Entwicklung ist identisch mit der Aussage, dass die Entropie in unserem Kosmos ständig zunimmt. Jede Entscheidung bedeutet einen Informationsverlust, der eine Zunahme von nicht verwertbarer Energie darstellt, die praktisch

unendlich groß werden kann. Nur das Leben schafft es, Information mit Bedeutung, also Energie, anzuhäufen und damit einen energetischen Gegenpol zu schaffen, der wiederum Ausgangspunkt für etwas Neues sein kann.
Wie schaffen wir Information mit Bedeutung?
Zunächst muss uns bewusst sein, dass die Quantenwelt einen Teil von uns und unserer Existenz darstellt und kein fiktives Etwas ist, was nur Physiker interessiert. Wir können mit unseren Sinnesorganen, wie oben beschrieben, nicht nur Quantenphänomene wie z.B. Photonen/Licht oder Phononen/Schall sehen bzw. hören, sondern wir können ebenfalls mit unserem Gehirn auch in den Informationsbereich der wertefreien Möglichkeiten eindringen. In diesem Bereich ist die Information über unsere objektive Realität als eine Möglichkeit von unendlich vielen anderen enthalten. Das faszinierende an unserer Existenz ist, dass unser Gehirn, das eigentlich nur die Aufgabe hatte, unsere Überlebenschancen auf dem Planeten Erde zu verbessern, die Fähigkeit entwickelt hat, zu *reflektieren*. Das Gehirn hat uns ermöglicht, unsere momentane Situation z.B. in der Sippe oder bei einer Jagd zu objektivieren und verschiedene Verhaltensweisen bzgl. ihrer Situations-Verbesserung zu überdenken. Diese Fähigkeit wird in der Wissenschaft dazu benutzt, auch unsere Existenz in einem globalen und sogar kosmischen Zusammenhang zu objektivieren. D.h., wir können in Gedankenexperimenten uns ganz andere Umweltbedingungen oder physikalische Zusammenhänge vorstellen, die weit weg von unserer Wirklichkeit sind und ganz andere Existenzmöglichkeiten darstellen. Durch Experimente versuchen wir zu klären, welche der gedachten Möglichkeiten auf unsere Wirklichkeit zutreffen, wobei wir gleichzeitig wieder ein kleines Stück mehr von der objektiven Realität erkennen.

Denken wir zurück an die verschiedenen Weltbilder, die die Menschheit im Laufe der Zeit entwickelt hat. Jedes dieser Weltbilder hatte für die jeweilige Zeit seine spezielle Bedeutung. Rückblickend erkennt man eine Entwicklung, die in Richtung einer weiteren Objektivierung unserer Stellung im Kosmos geht und wir uns immer mehr der objektiven Realität nähern. Wir kommen immer näher an ein Verständnis unserer Naturgesetze. Dabei helfen uns zwei verschiedene Erfahrungsbereiche. Einmal die Erfahrung aus der Welt der wertefreien Möglichkeiten/Gedanken (Geist) und andererseits die Erfahrung/Erkenntnis aus der Welt des Messbaren (Materielles). Diese zwei Bereiche sind aber nicht als Gegensätze zu sehen, wie es bisher oft bei der Definition von Geist und Materie der Fall war, sondern unsere messbare Wirklichkeit ist eine Teilmenge der wertefreien Möglichkeiten bzw. der objektiven Realität, da unsere Wirklichkeit eine von unzähligen Möglichkeiten der objektiven Realität darstellt.

7.3 Am Anfang war das Wort/Information

Die oft ausführlichen Beschreibungen über die Entwicklung unseres Kosmos, der Materie, des organischen Lebens mit seiner Vielfalt, aber auch die Entwicklung der Intelligenz und unseres Gehirns, sollten uns klar machen, dass es von Beginn an eine treibende Kraft gab, die eine Entwicklung hin zu stabilen, komplexeren Systemen fördert. Eine Menge Energie allein führt nicht unbedingt zu geordneten, komplexen Systemen. Denken wir nur an eine Explosion. In den meisten Fällen hinterlässt sie ein Chaos, also genau das Gegenteil von dem was beim Urknall in die Wege geleitet wurde. Die Aussage: Am Anfang war das Wort, interpretiere ich derart, dass die damit verbundene Information den Weg aufgezeigt hat, in der sich das energetische Geschehen hin entwickeln soll. Solch einen Wegweiser stellen die Naturgesetze zusammen mit den Naturkonstanten dar. Alle Entwicklungen, sowohl der unbelebten als auch der belebten Materie, laufen im Einklang mit diesen Naturgesetzen ab. Aus diesem Grund haben wir Menschen, ein erfolgreiches, stabiles Produkt dieser Entwicklung, auch die Möglichkeit das evolutionäre Geschehen zu erkennen und immer mehr von den Gesetzmäßigkeiten, die hinter dieser Entwicklung stehen, zu erkennen.

Wir haben gelernt, dass der Urknall das Maximum an Information/Möglichkeiten und Energie repräsentierte. Die Information in Form der Naturgesetze und die mitgelieferte Anfangsenergie beherrschen die gesamte Evolution des Kosmos bis heute. Das würde bedeuten, dass der Informationsgehalt der Naturgesetze praktisch unendlich viele Qubits beträgt!

Wir verstehen jetzt, dass die Entropie mit jeder messbaren Veränderung/Entscheidung in unserem Kosmos und in unserem Leben zunimmt. Mit dem Verschwinden der Antimaterie oder mit dem Herabfallen eines Weinglases vom Tisch und dessen Zerbrechen ist jeweils eine Entscheidung gefallen. Solange das Glas noch auf dem Tisch stand, gab es zwei mögliche Zustände, nämlich ein ganzes Glas und ein kaputtes Glas. Mit dem Herabfallen ist der Zustand des ganzen Glases verschwunden und damit auch die dazugehörige Information über diesen Zustand. Die Entropie hat wieder etwas zugenommen.

Nur das Leben kann dem materiellen Geschehen Energie entziehen. Diese Energie wird zum Teil für die Funktion der Organismen wieder verbraucht und als Entropie abgegeben. Aber Leben erzeugt auch neue Informationen mit Bedeutung und häuft somit Energie in Form von Information an. Denken wir das zu Ende, dann könnte eine, im kosmischen Maßstab agierende

Intelligenz letztendlich alle Informationen anhäufen, die es in unserem Kosmos zu erfahren gibt und stünde dann der Entropie, also dem Wärmetod des Universums, als Gegenpol gegenüber. Ev. schafft es diese Intelligenz bzw. Informiertheit, da sie u.a. die Gravitation versteht und beherrscht und mit mehr als 4 Dimensionen umgehen kann, dafür zu sorgen, dass die erkaltete Materie sich wieder zusammenballt, in Energie umwandelt und für einen weiteren Neubeginn zur Verfügung stünde.
Information wäre somit der Auslöser eines weiteren Urereignisses!
Wenn Information eine Energieform darstellt, dann müsste diese Energieform auch gequantelt sein, d.h., es gibt ab einem gewissen Grad an Komplexität keinen energetischen Unterschied mehr zwischen zwei Entscheidungen, da dieser Unterschied unterhalb der Energie z.B. eines Qubits liegt. Jetzt sind wir beim Zufall angekommen. In diesem Bereich gäbe es keinen Grund für die eine oder andere Entscheidung. Trotzdem kann eine so definierte, zufällige Entscheidung zu ganz unterschiedlichen Ergebnissen in unserer makroskopischen Welt führen, in der das Prinzip von Ursache und Wirkung gilt.
Jeder Mensch erzeugt Information mit Bedeutung. Wir können diese Information niederschreiben oder an andere weitergeben. Diese Information wird aber auch über unsere Gehirnströme in die Unendlichkeit unseres Kosmos gesandt, so wie auch jedes Radio- oder Fernseh-Programm. Information bzw. einmal geäußerte Ideen können deshalb nicht vernichtet werden. Irgendwann tauchen sie immer wieder auf. Dies ist aber wieder ein typisches Merkmal der Energie, die auch nicht vernichtet, sondern nur in eine andere Erscheinungsform umgewandelt werden kann.

Ein Beispiel aus unserer Zeit sind Informationen, die in den sozialen Medien über uns gespeichert werden und auch über unseren Tod hinaus in einem Datenpool (Cloud) weiter existieren. Wie sinnvoll oder bedeutend unser Leben war, ergibt sich dann aus der Anzahl von clicks bzw. „followern".
Es stellt sich mir die Frage: Ist ev. unser Kosmos, der erfüllt ist mit Energie und Materie, als Ganzes ein Speichermedium in dem nichts verloren geht, auch nicht die Information mit Bedeutung? Unser Kosmos ist ja trotz seiner Größe ein in seinen Dimensionen geschlossenes (gefangenes) System! Das Quantenvakuum könnte dann der Speicher für die Information mit Bedeutung sein, die wir in unserem Leben erzeugt haben.
Dieser Pool an Information mit Bedeutung bzw. diese Informiertheit über das Wieso/Warum unserer Naturgesetze würde wieder eine unendlich große Teilmenge* an Energie darstellen, die in der Lage wäre, einen weiteren kosmischen Neustart, ev. unter leicht veränderten Anfangsbedingungen, zu veranlassen!

- *Unter einer unendlich großen Teilmenge versteht man z.B. die unendliche Menge an geraden Zahlen. Diese Menge ist eine Teilmenge der unendlich vielen natürlichen Zahlen (alle geraden und ungeraden Zahlen)*

Die vielen, genannten Beispiele sollten helfen, zu erkennen, dass die Information, eine eigene Energieform darstellt und somit auch etwas bewirken kann. Dies sowohl im organischen Bereich, als auch in Bezug auf die Materie. Auch die Materie hat sich von den Quarks über Atome bis zu einem Periodensystem hin entwickelt, einzig und allein aufgrund der Spielregeln, die unsere Naturgesetze vorgaben.

Die Frage stellt sich nun, ob man die Hypothese, nämlich „Information mit Bedeutung ist eine Art von Energie", ev. sogar die Urform der Energie, auch direkt beweisen kann. Eine Hypothese, die sich nie beweisen lässt, hätte nichts mit Wissenschaft zu tun. Jedoch, die Naturkonstanten modifizieren zu können, dürfte noch einige Zeit dauern.

Einen Ansatz haben wir oben bereits erwähnt, nämlich, dass man mit einfachen Spielregeln zu einer höheren Komplexität gelangen kann. Wir sehen dies bei den Vogel- oder Fisch-Schwärmen, wo auch das komplexe Verhalten der Schwärme mit drei einfachen Regeln beschrieben werden kann. Auch die Automatenregeln von Stephen Wolfram (S. 74) könnten in einem Computersystem den Naturgesetzen beim Urknall entsprechen.

Ein weiterer Ansatz wäre, dass man ein System, z.B., irgend eine Art der erwähnten Galapagos Finken einem gezielten Umweltstress = Information aussetzt und abwartet, ob dem Organismus eine Lösung für den Stressabbau „einfällt". Für diesen Ansatz hat uns die Natur eigentlich schon genügend Beispiele geliefert.

Als drittes Beispiel käme die Klärung des Placebo Effektes in Frage. Hier löst eine Information, geliefert vom Gehirn des Arztes, eine materielle Reaktion im Körper aus!

Sowohl bei den Automatenregeln als auch beim Arzt sind nur Informationen im Spiel. Man müsste eine Energiebilanz erstellen, bei der auch der Energieaufwand des Gehirns mit eingerechnet wird. Der Ersteller der Automatenregeln z.B. wendet mit seinem Gehirn Energie auf, um diese Regeln zu erstellen. Anschließend wird Energie benötigt 1) für den Betrieb des Rechners (Entropie) und 2) für das „Errechnen" der immer komplexer werdenden Strukturen bis hin zu einer finalen Komplexität. Eine Energiebilanz zu erstellen dürfte extrem schwierig sein, da wir es nicht mit abgeschlossenen Systemen zu tun haben.

Ich denke nicht, dass es bis zum kompletten Verständnis der Naturgesetze dauert, um zu beweisen, dass Information eine fundamentale Energieform darstellt. Aber dazu müssten sich weltweit die Wissenschaftler dieser Frage vermehrt annehmen.

Bemerkung:
Es hat in der Vergangenheit bereits Experimente gegeben, die den Energiegehalt von Information messen wollten. Bei diesen Experimenten wurde z.B. ein Buch verbrannt, das Goethes Faust beinhaltete, und die abgegebene Wärme unter streng kontrollierten Bedingungen gemessen. Anschließend wurde ein identisches Buch verbrannt, das mit genauso vielen Buchstaben beschrieben war wie Goethes Faust, aber mit sinnlosen Sätzen. Die abgegebene Wärme dieses Buches war identisch mit dem Buch, das den Faust beinhaltete. Die Schlussfolgerung war, dass Information keinen Energieinhalt besitzt.

Aus der Analyse von Sedlaceck haben wir jedoch gelernt, dass grammatikalisch richtige, aber sinnlose Sätze nur eine statistische Information darstellen und deshalb keine Informationsenergie beinhalten. Aber dann müsste doch das Faust-Buch eine Informationsenergie beinhalten? Der Inhalt des Buches kann doch kopiert, gefaxt oder gemailt werden. Das sind alles Kriterien für eine klassische Information. Das Gehirn von Goethe hat doch Energie aufgewandt, um den Faust zu schreiben.

Jetzt kommen wir zu dem entscheidenden Punkt. Das Buch des Faust bekommt erst dann eine Bedeutung, wenn es mit dem Wissenspool eines Lesers in Wechselwirkung tritt. Für die interessierten Leser hat dieses Buch auch über die vielen Jahre hinweg eine oft ganz unterschiedliche Bedeutung, je

nachdem in welchen Zusammenhang ein Leser die Aussagen des Faust mit eigenen Erfahrungen und Erlebnissen bringt. Wahrscheinlich werden die verschiedenen Leser ganz unterschiedliche Erkenntnisse aus dem Inhalt des Faust ziehen und anschließend ganz unterschiedlich reagieren/handeln. Wir erkennen hier wieder, dass es auf die Wechselwirkungen mit anderen Wissenspools ankommt, damit Information Arbeit leisten kann.

Das Problem einer Energiebilanz ist, dass wir es nicht mit einem abgeschlossenen System zu tun haben. Goethes Gehirn hat beim Verfassen des Faust eine Menge Energie verbraucht. Das Gehirn der vielen Leser hat auch eine Menge Energie verbraucht für die Erstellung des eigenen Wissens/Erfahrungspools. Was ist die mathematische Funktion oder der Algorithmus zwischen dem Energieverbrauch von Goethes Gehirn, den Gehirnen der vielen Leser und den daraus resultierenden Aktionen der Leser?

Das ist auf alle Fälle nicht mit einem, wie dem oben erwähnten, Verbrennungsexperiment zu klären!

8 Zusammenfassung

Information, der Stoff, der alles gestaltet!

1) Unser Kosmos hat sich vom Moment des Urknalls an, gemäß den ihm „mitgegebenen" Naturgesetzen und den daraus ableitbaren physikalischen Gesetzen selbständig zu hoher Stabilität und Komplexität entwickelt. Das gilt sowohl für das rein materielle, als auch für das organische Geschehen.

2) Die Naturgesetze und deren Konstante stellen eine Information mit enormer Bedeutung für das gesamte Geschehen in unserem Kosmos dar. Die wesentliche Information ist, durch die Wechselwirkung mindestens zweier möglicher Zustände, eine höhere Stabilität bzw. Komplexität zu erreichen!
3) Das materielle Geschehen im Kosmos spielt sich vorzugsweise bei sehr hohen oder sehr tiefen Temperaturen ab und wird von sehr starken Kräften beherrscht.
4) Die Eigenschaften des materiellen Geschehens führen, ausgehend von einem energetischen Urereignis, von kleinsten Elementarteilchen (u.a. Quarks) und masselosen „Lichtteilchen" über einfache (z.B. Elektronen) und zusammengesetzte Teilchen (z.B. Protonen und Neutronen) bis hin zur Entstehung von Sternen, in denen wiederum die schwereren der 92 natürlichen, stabilen Elemente erbrütet werden.
Erst danach ist der Baukasten der Elemente soweit komplett, dass komplexere, organische Strukturen entstehen können.
5) Im Gegensatz dazu benötigt das organische Geschehen moderate Temperaturen und die ganze Palette der in den Sternen erbrüteten Elemente. Erst dann kann eine Vielzahl von schwachen Bindungskräften zwischen den verschiedenen Atomen zur Geltung kommen, die dazu führen, dass sich mit dem Baukasten der 92 stabilen Elemente sehr komplexe, molekulare Strukturen bilden können.

6) Voraussetzung für eine Zunahme der Komplexität eines Individuums und dessen Intelligenz, ist eine Zunahme der Informationsverarbeitung auf molekularer Basis.
7) Diese komplexen Strukturen wie z.b. Moleküle, DNA, Zellen, Nervensystem oder Gehirn schaffen eine Selbstorganisation. Um die Stabilität der fundamentalen Strukturen unseres Körpers, wie z.B. Symmetrie, Brustkorb und Blutkreislauf, zu gewährleisten, wurden Reparaturmechanismen entwickelt, damit die entsprechenden Gene seit 550 Millionen Jahre stabil bleiben konnten.
8) Je besser die Informiertheit bzw. die Informationsverarbeitung der Zellen bzgl. ihrer internen Umgebung im Organismus ist, umso komplexere Organismen können entstehen. Diese komplexen Organismen werden durch ihre Selbsterkenntnis zu Individuen, die sich in Gemeinschaften organisieren und Informationen speichern und weitergeben können. Eine Entwicklung die auch im sozialen Bereich zu mehr Stabilität führte.
9) Mit der zunehmenden Informiertheit eines Individuums über seine Umwelt (externe Informiertheit) wächst auch die Intelligenz des Individuums.
10) Durch Kommunikation und Dokumentation entsteht ein beschleunigter Informationsgewinn, der zu einer eigenen, kulturellen und genetischen (CRISPR/CAS) Evolution dieser hochentwickelten Individuen führt.

11) Diese Individuen schaffen es, neuartige Informationen mit Bedeutung zu kreieren, die letztlich dazu führen können, dass diese Individuen ihre Position in der objektiven Realität (z.B. Kosmos) erkennen.
12) Diese Informationen mit Bedeutung entsprechen einer Energieform, analog der kinetischen oder potentiellen Energie. So wie sich Masse in Energie umrechnen lässt, kann z.B. die Masse aller Elementarteilchen auch in Informationseinheiten – Qubits - angegeben werden. D.h., dass sich z.B. ein up- und ein down- Quark etwas in ihrer Informationsenergie unterscheiden!
13) Die Naturgesetze sind der primäre Informations- bzw. Energiepool, aus dem das gesamte kosmische Geschehen seine Energie/Information bezieht. Eine wesentliche Botschaft, die mit dem Urknall unserem Kosmos mitgegeben wurde, war, Stabilität und damit Komplexität zu erreichen!
14) Das gesamte intelligente Leben im Kosmos erzeugt einen Informations- bzw. Energie-Pool mit Bedeutung, der einen Gegenpol zur ständig zunehmenden Entropie (nicht arbeitsfähige Energie) darstellt.
15) Mit dem Wissen über ihre objektive Realität (u.a. Naturgesetze) könnten diese höchstintelligenten Individuen daran gehen, die objektive Realität selbst zu gestalten und zwar im kosmischen Maßstab.
16) Letztendlich könnte es dazu führen, dass diese Individuen die physikalischen Gesetze selbst modifizieren und so einen kosmologischen Neustart initiieren könnten.

17) Voraussetzung dafür ist, dass das materielle Geschehen dem organischen Geschehen genügend Zeit und Energie zur Verfügung stellt, um ausreichend Wissen über die objektive Realität ansammeln zu können. Für das organische Geschehen gilt die Voraussetzung, sich nicht selbst vorher zu vernichten!
18) Den mathematischen Beweis, dass Information eine Energieform darstellt, liefert u.a. die Boltzmann´sche Gleichung. Dass dieser Befund noch nicht mehr Aufsehen erregt hat, liegt meiner Ansicht nach daran, dass mit der Formel zunächst nur die **fehlende** Information=Entropie eines Systems berechnet wurde.
19) Das Erkennen z.B. der Farbe Rot im Unterschied zu Blau, zeigt, dass kleinste energetische Unterschiede von unserem Gehirn in Information mit Bedeutung übersetzt wurden. Das bedeutet aber im Umkehrschluss, dass Information mit Bedeutung eine Energieform darstellt! Nur Energie/Arbeit kann etwas bewirken!
20) Die vielen beschriebenen Beispiele bzgl. der Entwicklung einfachster Systeme hin zu hoher Komplexität lassen den Schluss zu, dass Information mit Bedeutung eine Energieform darstellt. Alle diese Entwicklungen gehorchen der Information, die von den Naturgesetzen ausgeht. Die Information bestimmt sogar die Erscheinungsform der Energie, ob sie z.B. als Bewegungsenergie oder als Masse oder als „Steuermann" für das geregelte Verhalten unserer Zellen in Erscheinung tritt!
21) **Somit wäre Information die Urform der Energie!**

9.. Einige Literaturhinweise (populär)

/1/ R. Sheldrake, Das Gedächtnis der Natur,
    Scherz-Neue Wissenschaft, 1994
/2/ E. Laszlo, Kosmische Kreativität, Insel
    Taschenbuch 2108, 1997
/3/ B. Kegel, Epigenetik, DuMont Köln, 2009
/4/ J.+M. Gribbin, Ein Prozent Vorteil,
    Birkhäuser Verlag, 1993
/5/ N. Herschkowitz, Das Gehirn, Herder Freiburg, 2010
/6/ S. Rose, Gehirn, Gedächtnis und Bewusstsein,
    Bastei-Lübbe 60480, 2000
/7/ G. Roth, Das Gehirn und seine Wirklichkeit,
    Suhrkamp Wissenschaft 1275, 1997
/8/ M. Kaku, Im Paralleluniversum, rororo, 2005
/9/ B. Greene, Der Stoff aus dem der Kosmos ist,
    Pantheon Verlag, 2006
/10/ T.+B. Görnitz, Der kreative Kosmos,
    Spektrum, 2002
/11/ G. Hüther, Die Macht der inneren Bilder,
    Vandenhoeck+Ruprecht, 2005
/12/ W. Wieser, Gehirn und Genom, C.H.Beck, 2007
/13/ T. Görnitz, Quanten sind anders, Spektrum, 2006
/14/ C. Kiefer, Der Quantenkosmos, S. Fischer, 2008
/15/ H. Lyre, Quantentheorie der Information, mentis,
    2004
/16/ A. Zeilinger, Einsteins Spuk, Goldmann, 2007
/17/ F. Close, Das Nichts verstehen, Spektrum, 2007
/18/ E. Jantsch, Die Selbstorganisation des Universums,
    Hanser, 1992
/19/ J. Bauer, Das kooperative Gen,
    Hoffmann +Campe, 2008
/20/ Wikipedia, CRISPR/CAS 9, 2017
/21/ J. Narby, Intelligenz in der Natur, AT Verlag, 2006
/22/ A. Jahn (HG.), Wie das Denken erwachte,
    Gehirn+Geist, Spektrum, 2012

/23/ M. Spitzer, Nervensachen, Suhrkamp, 2005
/24/ A. Sentker, F. Wigger (Hrsg.), Rätsel Ich,
    E-M. Schnurr, S.89, Frauen sind auch nur Männer,
    Spektrum 2009
/25/ R. Penrose, Schatten des Geistes, Spektrum, 1995
/26/ K-D. Sedlacek, Äquivalenz von Information und
    Energie, Wissenschaftliche Bibliothek, 2009
/27/ A. Goswami, Das bewusste Universum,
    Lüchow, 2007
/28/ R. Wingert, Von Albert Einstein zur Weltformel,
    R.G. Fischer, 2004
/29/ R. Kurzweil, Menschheit 2.0, Lola Books, 2013

10 Stichwortverzeichnis

A
Affen Intelligenz	S. 120 ff
Algorithmus	S. 78
Aminosäuren	S. 45-46
Analytischer Rechenansatz	S. 78
Antimaterie	S. 34
Archäologie, kognitiv	S. 123
Assoziation	S. 156 ff, 167
Axon	S. 141

B
Beamen	S. 24, 25, 232
Bedeutung	S. 149 ff
Bewusstsein, reflektorisch	S. 23, 128, 177
Bezugssystem	S. 25, 26, 221 ff
Bienen	S. 106
Bindungsenergien	S. 194
Birkenpech	S. 125
Blattschneider Ameisen	S. 104
Bosonen	S. 210
Broca Areal	S. 143
Buntbarsche	S. 60

C
Chi-sei	S. 99
Chromatin	S. 83
Chromosome	S. 46
CRISPR/Cas 9	S. 72

D
Darwin	S. 52 ff, 57
Darwin Finken	S. 59 ff
Dekohärenz	S. 218
Delphine	S. 119
DNA, RNA	S. 45
DNA, junk	S. 50

Dualismus, Welle-Teilchen	S. 217
Dunkle Energie	S. 13, 30
Dunkle Materie	S. 13, 29

E

Einzeller	S. 73 ff
Entropie	S. 14, 28
Epigenetik	S. 11, 50 ff, 68
Erbsünde	S. 177
Erdkern	S. 39
Eukaryoten	S. 86

F

Falsifizierungsprinzip	S. 31-32
Farbe	S. 172
Farbwahrnehmung, konstante	109 ff, 189
Fruchtfliege	S. 100
Fugu-Kugelfisch	S. 74
Fusion in Sternen	S. 35-36

G

Galapagos Inseln	S. 59 ff
Gene, Anzahl	S. 74 ff
Gentransfer, horizontal	S. 70
Gliazellen	S. 141-143
Gluonen	S. 210
Gravitationswellen	S. 29

H

Higgsfeld, Higgsteilchen	S. 30
Hintergrundstrahlung	S. 29
Hirngrößen	S. 136 ff
Histone	S. 83
Hören	S. 190 ff
Hyperstriatum bei Vögeln	S. 136

I

Immunsystem	S. 64 ff
Inflation	S. 13, 29
Information mit Bedeutung	S. 200

Information ist Energie	S. 202
Intelligenz, Definitionen	S. 97, 129
Intelligenztest	S. 130

K

Kambrium	S. 76 ff
Känguru	S. 61
Kooperation	S. 57, 139 ff
Küstenmaus	S. 62 ff

L

Leben, Definitionen	S. 44-45
Limabohne	S. 104

M

Materiell	S. 20
Meiose	S. 51
Methylierung	S. 67, 81 ff
Mikrotubuli	S. 219
Möglichkeiten	S. 26
Morphogenetisches Feld	S. 10-11
Mutation	S. 54 ff

N

Nase, künstlich	S. 15
Naturkonstante	S. 238
Neandertaler	S. 125
Neokortex	S. 140 ff
Neurone	S. 141
Nichts	S. 28

O

P

Phantomschmerz	S. 190
Phonon	S. 191
Photonen	S. 213
Photosynthese	S. 85
Placenta	S. 70
Planetenbildung	S. 37
Plasmodien	S. 98

Postenvögel	S. 117
Prägung	S. 224, 227 ff
Prokaryoten	S. 43, 86
Proteine	S. 113 ff
Papageien	S. 115, 118

Q

Quantenschaum	S. 41, 243
Quantenzustände, verschränkt	S. 218
Quarks	S. 210 ff
Qubit	S. 239

R

Realität, objektiv	S. 19
Reaktionszeiten	S. 153 ff
Rhodopsin	S. 188
Rote Zwerge	S. 90

S

Schmetterlinge	S. 109
Schrift	S. 126
Schrödinger Katze	S. 219
Serotonin	S. 166
Sehen	S. 172, 187 ff
Standardmodell	S. 28-33
Streptomyces	S. 105
Symbole	S. 106 ff
Synapsen	S. 142

T

Tabakspflanze	S. 102
Tannenhäher	S. 115
Teilmengen, unendlich	S. 248
Teufelszwirn	S. 101
Träume	S. 226
Transkriptionselemente	S. 71
Transpositionselemente	S. 71

UV
Ubiquitin	S. 113
Urknall	S. 33
Ursache und Wirkung	S. 204
Urzelle	S. 58
Virtuelle Bühne	S. 176 ff, 196
Virtuelle Teilchen	S. 20

W
Wahrscheinlichkeitsfunktion	S. 240
Willensfreiheit	S. 100, 181 ff
Wirklichkeit	S. 19

XYZ
Zufall	S. 246 ff
Zungenbein	S. 125

11 Danksagung

Meiner Frau Ulrike Sperling möchte ich für die Korrektur des Skripts danken und für die Geduld, sich meine vielen, ins Unreine gesprochenen Gedanken anzuhören.
Frau Dr. Carolin Diepenbruck danke ich für die fachliche Korrektur des genetischen Teils des Skripts.
Bei meinen Freunden möchte ich mich bedanken, dass sie mir bei meinen philosophisch, physikalischen Erläuterungen aufmerksam zu hörten und mich öfters durch einfache Fragen aus dem Konzept brachten!

www.ingramcontent.com/pod-product-compliance
Lightning Source LLC
Chambersburg PA
CBHW031612210526
45464CB00004B/1548